新世纪地理科学野外实习系列丛书

地图学实习简明教程

常占强　编著

中国环境出版社·北京

图书在版编目（CIP）数据

地图学实习简明教程/常占强编著. —北京：中国环境
出版社，2014.10
ISBN 978-7-5111-2087-8

Ⅰ. ①地… Ⅱ. ①常… Ⅲ. ①地图学—高等学
校—教材 Ⅳ. ①P28

中国版本图书馆 CIP 数据核字（2014）第 225811 号

出 版 人　王新程
责任编辑　沈　建　刘　杨
责任校对　尹　芳
封面设计　彭　杉

出版发行　**中国环境出版社**
　　　　　（100062　北京市东城区广渠门内大街 16 号）
　　　　　网　　　址：http://www.cesp.com.cn
　　　　　电子邮箱：bjgl@cesp.com.cn
　　　　　联系电话：010-67112765（编辑管理部）
　　　　　　　　　　010-67113412（教材图书出版中心）
　　　　　发行热线：010-67125803，010-67113405（传真）
印　　刷　北京市联华印刷厂
经　　销　各地新华书店
版　　次　2014 年 10 月第 1 版
印　　次　2014 年 10 月第 1 次印刷
开　　本　787×1092　1/16
印　　张　9.5
字　　数　226 千字
定　　价　26.00 元

序

新世纪地理科学野外实习系列丛书终于和读者见面了。谨此献给首都师范大学 60 年华诞!

首都师范大学资源环境与旅游学院地理科学专业是学院四个专业中最早建立的,建于 1954 年原北京师范学院建院之初。地理科学专业的同仁们秉承了老地理系的优良传统,教书育人、勤与教、精与育、导与学、贵与恒。本系列丛书的出版,无不凝聚着前辈老师们善行诱导和同学们的艰辛求索。

地理科学专业的特色之一是野外实践。大自然是学习地理学的第一课堂、是理论践行与实践相结合最好的实验室,是学好地理学不可或缺的教学过程。重视野外教学实践、重视理论联系实际、理论指导实践、实践验证理论,提高学生的专业技能是地理科学专业一贯秉承的教学理念,它是一把尺子,时时处处量度着我们教师的责任心。这些年来,无论培养目标如何改动、教学时数如何调整,野外实践教学始终保持着自己的特色和优势,成为了地理科学专业的品牌。

系列丛书共 5 本。由《地图学实习简明教程》《地质学野外实习简明教程》《雾灵山地区土壤——植物地理实习简明教程》《地理科学专业实习实践成果——科研论文篇》《地理科学专业实习实践成果——实习报告篇》组成。本系列丛书较全面地反映了地理科学的专业特色以及野外教学实习成果。《地图学实习简明教程》主编常占强博士长期从事测量与地图学方面的研究,野外教学经历丰富;《地质学野外实习简明教程》主编齐童老师、刘永顺博士长期从事基础地质学、火山动力学、地貌学以及景观学教学和研究工作,有着 20 年以上的野外工作经历;《雾灵山地区土壤——植物地理实习简明教程》主编李宏博士主要从事林学、景观规划和设计研究,野外工作经验丰富;学生野外实践成果和科学研究汇编主编分别是王学东博士和李业锦博士,两位教师都是年轻有为、学有所长、专注野外教学工作的青年教师。

系列丛书编委会成员是王学东、李业锦、李宏、刘永顺、齐童、常占强、徐建英。主编:齐童;副主编:常占强、王学东。在系列丛书编写过程中,得到了首都师范大学教务处资助和大力支持,王德胜处长亲自参加了丛书组稿的策划、讨论、定稿、定名,为系列丛书的出版倾注了大量心血,在此表示衷心的感谢!

丛书编委会

前　言

　　地图既是地理学研究不可或缺的工具，也是其研究成果的最好表达方式。地图学是我国高等院校地学各专业的基础课，具有技术性、实践性极强的特点。特别是对于师范院校中地理科学与地理信息系统专业而言，地图学实习教学在整个课程学习中占有举足轻重的地位。近年来，随着现代信息技术对地图学的不断渗透，地图学实习内容亟须改进与完善。为此，在内容上本教程在充分汲取经典地图学实习内容的基础上，加入了现代信息技术在地图学实习教学中的应用，如：计算机制图技术、遥感技术及全球导航卫星信息技术；在形式上，本教程采用层次化、模块化形式组织编写。本教程将涵盖地图学主要实习内容的10多个单项实习分别整合到地形图室内实习、地形图野外应用实习、计算机地图制图实习、地图投影实习等四大实习模块中，使得本教程在结构上更为清晰、严谨。

　　本教程是在总结前人工作的基础上结合编著者多年来地图学实习教学经验编写而成，是首都师范大学资源环境与旅游学院地理信息系统与遥感教研室以及地理科学教研室多年实习教学工作成果的结晶。教研室中下列人员参加了本教程稿件的讨论工作：韩景辉、张晶、刘晓萌、张立燕、陈蜜、张志强、李家存、谢东海等。

　　在整个教程编写过程中，博士研究生敖祖锐、薛腾飞发挥了重要作用，特别是在计算机制图实习部分；硕士研究生姚骐、赵超等参与了本教程的订正和校对工作。

　　本教程的完成得到了兄弟院校老师和同行的关怀与支持，北京大学的秦其明教授、中国矿业大学（北京）的王金庄教授、青岛大学的于冬梅教授、北京师范大学的朱良教授、陕西师范大学的白建军教授和苏惠敏老师等都为本教程提出了许多有益的建议与修改意见，在此表示衷心感谢！

　　本书特别感谢北京市自然科学基金（No.8142009）的资助出版。由于作者水平与时间有限，书中难免存在纰漏甚至错误之处，希望读者不吝指正。

编　者

2014 年 6 月

目 录

第1章 绪 论

1.1 地图学

地图学是研究地图理论、编制技术与应用方法的科学，是一门研究以地图图形揭示各种自然和社会现象空间分布、相互联系及动态变化的科学，也是一门技术与艺术相结合的科学。

20 世纪 50 年代以来，随着航空摄影、卫星遥感、计算机技术等的应用和进步，地图学出现了系列地图、遥感地图、机助制图和地理信息系统等新的方法和形式。信息论、传输论、模式论、感受论等理论的引进，推动了地图学的理论研究。

20 世纪 70 年代以后，现代地图学逐渐从地理学和测量学中脱颖而出，其研究手段兼收并容空间科学和信息科学的最新成就，研究内容跨越了自然科学和社会科学的范畴，越来越明显地显示出横断科学的性质。现代地图学更趋于从信息论的观点来研究地图，地图被认为是人类认识自然的信息载体、客观存在的地理环境的概念模型。人们通过地图的制作和应用，采集大量有关自然和经济现象的位置、形态、动态和内部联系的信息，进而加以浓缩、复制、存储、传递，方便读者感受、量测、理解和利用。

20 世纪 90 年代以来，现代地图学得到了迅猛发展：专题制图进一步拓宽领域并向纵深发展；计算机制图已广泛应用于各类地图生产，多媒体电子地图集与互联网地图集迅速推广；地图学—遥感—地理信息系统相结合已形成一体化的研究技术体系；计算机制图及电子出版生产一体化从根本上改变了地图设计与生产的传统工艺；地图学新概念与新理论不断涌现，其学科框架已由"三角形"转变为"四面体"。

进入 21 世纪后，人类的认识正在从陆地表层向海洋、地壳深部和外层空间扩延，现代地图学的研究对象仍将继续扩大，今后有望建立适用于整个人类智慧圈的统一的空间坐标体系，当前我们已能看到多维动态地图的曙光。可见，地图学是一门既古老又年轻的学科。

1.2 3S 技术对地图学的影响

1.2.1 遥感与地图学

在现代科技飞速发展的今天，传统地图产品的现势性越来越不能满足生产和生活的需要；传统的地图更新方法已无法满足城市规划、建设和管理快速变化的需要。因此，必须提供实时、快捷的地图要素更新方法，否则地图将失去其现势性。随着遥感技术的发展，各种分辨率高、信息丰富、获取周期短、现势性强的影像不断涌现。现有高分辨遥感影像已达到厘米级，完全能满足制作大比例尺地图的精度要求。由遥感技术获取的影像图，具有直观性、现势性、成图周期短、更新快、信息量全面、内容形象等特点，能够在军事、抢险救灾、地籍调查、数字城市建设等方面发挥重要作用。例如：在 2008 年汶川大地震中，震后大部分地形和地理特征都发生了很大变化，震前地图无法满足紧急救援任务的需要，而影像地图就基本可以满足现势性的需求。这说明影像图的制作是今后一个重要的发展方向，影像图的出现必定将对地图学产生深远的影响，地图学的一些理论和方法将会逐步完善，其主要表现如下。

（1）地图概念的拓展。地图的定义和概念是多年来国内外地图学者反复讨论的课题，从不同角度提出的定义和概念有很多。对地图的传统定义多年来一直是："地图就是按照一定的数学法则，运用符号系统，概括地将地球上各种自然和社会经济现象缩小表示在平面上的图形。"到现在对该定义还有很多争议，例如：一幅经过校正过的遥感影像，它有严格的数学基础，其所包含的空间信息并不亚于现在的线划地图（可进行量测和分析），但是它没有严格意义上的地图符号，也没有制图综合，按照经典地图定义中的 3 个基本要素要求（数学法则、地图语言和制图综合），它不能被称为严格意义上的地图。到底该不该将这种影像视作一种地图产品，是很值得思考的一个问题。

随着计算机、网络和虚拟现实技术的进一步发展，各种与地图类似的新产品必将会不断涌现。这些产品与地图之间的界限会越来越模糊，因而地图的概念可能需要进行调整与扩展。

（2）制图理论的完善。认知制图是理论地图学中的一个重要概念，根据 Downs 和 Stea 的定义，它包括使人们能够收集、组织、存储、回忆和利用有关空间环境信息的那些认知能力或思维能力。认知制图的目的，主要是通过研究人们获取空间对象位置和属性信息的方式、过程和一些规律以及对行为的影响，来更科学地开展制图工作。

影像图不同于传统的地形图或专题图，它包含的影像信息直接来自于客观世界，包含的大部分信息还比较"原始"，视觉上的效果与现有其他图种差别较大。未来地图学的发展可能倾向于研究人们对影像图的一些认知规律，逐步完善现有的认知制图理论，从而指导地图工作者更好地进行地图表达。

（3）制图方式的丰富。20 世纪 70 年代，以计算机的引进为标志，地图学开始进入一个崭新的时代，经过几十年的理论探讨和应用实践，在地图学中形成了一门崭新的制图技术——数字制图技术。它把制图人员从烦琐的手工制图中解脱出来，制图效率大大提高。不过，这种更新地图的方式还需要人机交互操作进行。在现代信息时代，这种制图方式有时仍难以满足决策者的需求。特别是瞬息万变的战场环境，所需的地图往往是最新的，而矢量地图通过人机交互来更新地图则显得"力不从心"。遥感对制图方式的增加主要表现在：①数字影像图的快速制作；②利用遥感影像更新数据。

1.2.2　全球导航卫星系统与地图学

全球导航卫星系统（Global Navigation Satellite System，GNSS）泛指美国的 GPS、俄罗斯的 Glonass、欧洲的 Galileo、中国的北斗卫星导航系统以及相关增强系统。GNSS 技术可提供高精度、全天候、实时动态定位、定时及导航服务。目前，应用最为广泛的是美国的 GPS。实践证明，GPS 可获取高精度的地面点坐标，相对定位精度在 50 km 以内可达 10^{-6} m，远远高于传统测量精度。除此以外，与传统测量方法相比 GPS 还具有观测时间短、测站间无需通视、操作简便、全天候作业等优点。

上述特点使 GNSS 测量的理论、操作方法、数据处理方法完全不同于传统的地面测量，给现代地图学制图的数据获取方法带来一次革命。目前，GNSS 已全面应用于大地测量定位、地图数字化测绘系统，彻底改变了传统的地图测绘手段。在现代地图学中的具体应用如下。

（1）各级控制网的建立：包括建立国家级、省级、城市级统一的 GPS 控制网；水准高程控制网（一、二、三等）复测；精化拟合大地水准面。

（2）各种比例尺基础地理信息数据采集与更新：包括 1 : 1 000 000，1 : 250 000 全国覆盖；1 : 50 000 全国覆盖；1 : 10 000 全省覆盖；1 : 500～1 : 2 000 大中小城市全部覆盖。

1.2.3　地理信息系统与地图学

地理信息系统（Geographical Information System，GIS）是由计算机软硬件、地理数据和用户组成，通过对地理数据的采集、输入、存储、检索、操作和分析，生成并输出各种地理信息的系统。GIS 为地图的快速绘制和更新提供了强有力的手段，同时也是现代地图学管理和分析的重要手段，其功能涵盖了地图制图的全部内容：

（1）地球体与地图投影。包括坐标系统、地图投影、地图比例尺等内容，这些内容是地图学的数学基础，也是 GIS 空间数据组织的数学基础，可以利用 GIS 软件方便、快捷地进行转换和设置。

（2）地图概括。在制图时根据需要，对地面景物进行有目的的综合取舍，在图面上清晰地表现出地物的主次、从属关系及其重要程度。地图概括在 GIS 中通过编辑功能实现，一般根据地物特征将地物概括为面状地物、线状地物和点状地物。面状地物，如居民区、道路、水系、土壤和植被；线状地物，如电力线和境界线；点状地物，如国旗、宣传栏、路灯、水塔、各种小雕塑、测量控制点等。

（3）地图符号。地图符号是表示地图信息的图解语言，由形状、尺寸和颜色 3 个基本要素构成。地图符号是现代地图学课程的重要内容，是地图可视化的基础工具。国内外广泛应用的 GIS 软件都提供部分符号库和符号库制作工具。其中，点状符号是通过字体编辑器和 GIS 符号设计器相结合来完成的；线状符号可以抽象成基本线条的组合和叠加，使用 GIS 的符号设计器，通过对基本线条的宽度、偏移的设置及周期性重复完成；面状符号包括封闭轮廓线和内部填充两个部分。边线的符号化同线状符号。内部填充采用制作点状或线状符号的方式制作好内部填充符号，然后用点填充和线填充方式实现。

（4）地图分析。GIS 的分析功能可以实现全部传统的地图学分析操作，如坐标、距离、面积、体积的量测；数字高程模型（DEM）基础之上的图形分析，如地形的坡度、坡向图的获取；最短路径分析；环境的污染范围和程度分析；矿体的储量计算；水库的选址、蓄水量的计算等。

可见，地图学与 3S 之间有着不可分割的关系，地图既是全球导航卫星系统（GNSS）、遥感（RS）与地理信息系统（GIS）不可或缺的研究成果表达形式，同时也为空间图形分析研究（地图认知）提供了重要手段。

1.3　地图学实习的地位

地图学既是地理学研究工作中不可或缺的工具，也是其研究成果的最好表达方式。作为地理学的第二语言，地图不仅是地学调查研究成果的重要表现形式，也是地学分析的重要手段。随着地图应用领域的不断开拓，对地图分析与应用的研究将更加深入。

由于地图学具有实践性强的特点，地图学实习在整个课程中占有举足轻重的地位。对于高等院校地学各专业而言，开设好地图学课程，加深学生对地学研究中定位和定量化的理解，提高综合分析能力，可为其他专业课程的学习奠定坚实的基础。

在地图学教学中，如何使学生能深刻理解地图学的基本原理，掌握地图制图及应用的基本方法显得尤为重要，而达到这一目的的最佳方式就是课堂教学与实习教学环节的有机结合。特别是地图制图学和应用地图学部分，更应注重课堂理论讲授与实际应用紧密结合，"讲讲练练"的方法应贯穿始终。要使学生更加深刻地理解和巩固基本理论知识，掌握基本技能和动手操作能力，提高综合观察分析问题的能力，获得理想教学效果，必须高度重视实习环节。野外与室内实习是地图学课程教学中不可或缺的重要环节，直接关系着教学的成败，具有举足轻重的地位。

长期以来，由于各种原因，在地图学教学中较普遍存在着重讲授、轻实习的现象，从而制约了学生对课堂讲授知识的理解与实际动手能力的提高，对后续学习也造成一定影响。

地图学实习可分为观察性实习、实测性实习、技能训练性实习、综合性实习及设计性实习等。地图学实习除具有实验教学的共性外，还有其双重性、循序渐进性和连续性的特点。其中双重性指既具有室内性又有室外性的特点。有些实验教学必须在固定的场所、规定的时间内进行，如：手工制图或计算机制图都必须在实验室完成；还有一些可以不依赖于实验室，需在野外进行。循序渐进性指要按照由单项训练到综合性训练的顺序安排实习。从实习一开始就必须对学生进行严格的单项训练，练好扎实的基本功，再完成综合性较强、要求较高的实习内容。连续性指地图的应用应当贯穿于整个学习过程中。只有持续地练习，才能达到对地图学理论知识融会贯通，在学习和工作中更好地应用地图的目的。

1.4　教程目的与要求

现代信息技术，特别是 3S 技术，已对地图学产生了深刻的影响。地图学内容不断被渗透，其相应的实习内容急需改进与完善。本教程在充分汲取传统地图学实习内容的基础上，结合编著者多年来地图学的实习教学经验，加入了现代信息技术在地图学实习教学中的应用。本教程的主要目的包括：

（1）巩固与加深学生对地图学理论知识的理解。

（2）提高学生的野外识图、读图以及填图能力。

（3）提高学生利用地图分析问题、解决问题的能力。

（4）熟练掌握判别地图投影的基本方法，并能利用制图软件进行常用地图投影变换。

（5）使学生在上机实践中掌握利用制图软件进行地图制作、地图分析的各项基本操作。该实践环节要求学生在课程上机的基础上深化学习地图数字化的方法。

为了达到上述目的，对实习提出以下要求：

（1）实习前，准备好相应的实习仪器工具和用品，并正确使用、妥善保管。

（2）要认真学习本教程中的有关章节，明确实习目的、内容和要求，掌握相应方法和步骤，以期获得较好的实习效果。

（3）要养成认真、准确、细致、求是的良好作风。

第 2 章　地形图室内实习

地形图室内实习一般包括地形图的室内量测实习（坐标、距离、高程、面积量测等）、地形图阅读实习以及地形图分幅编号实习。其中，常规绘图工具的使用实习是进行地形图室内实习的前提，量测实习是阅读实习的基础。由于目前通常采用编程方法获取地形图的分幅编号，很少采用传统的图解法，因此本教程略去了地形图分幅编号实习部分。

进行地形图的室内实习，最好选择一幅内容要素比较全面，低山丘陵地区的 1∶10 000～1∶50 000 国家基本比例尺地形图为宜。

2.1　常规绘图工具的使用实习

2.1.1　实习目的

（1）熟悉各种常规绘图工具的性能和使用方法。

（2）初步掌握运用各种绘图工具绘制地图上各种图形要素的方法。

2.1.2　实习要求

（1）准确描绘样图上符号的位置和轮廓。

（2）图形大小、线划粗细符合规定。

（3）按规定程序清绘，图面整洁、美观。

2.1.3　实习工具

小钢笔、直线笔、小圆规、两脚规、三角板、绘图墨汁、透明纸、样图。

2.1.4　绘图工具的使用方法

2.1.4.1　小钢笔

（1）绘短直线。

方法：用左手捏住玻璃棒左端 1/3 处（食指在玻璃棒的上面，拇指在里边，其余手指在外边），使玻璃棒不能任意滚动，用右手大拇指、中指和食指捏住小钢笔笔杆下端的 1/3 处，以肘部和手腕的边缘为支撑点，笔杆向右倾斜 75°左右，从左到右均匀运笔，一般绘 5 cm 以内长的线为宜。

注意事项：小钢笔笔尖上有墨汁时不能把笔尖直接放入墨汁瓶中，而应借助一个小窄胶片蘸墨汁后，再注入到笔尖内侧凹面的尖端处，笔尖的外侧不能蘸墨汁，否则会使墨汁蘸到玻璃棒流到图面上弄脏图纸，墨汁量不能超过笔孔，用完后要擦干净。

要领：起笔轻，落笔准，不要跑线。

（2）绘曲线。

运笔：绘线时应保持小钢笔笔口方向与绘线方向一致，运笔方向一般为从左到右或从上到下比较顺手。当画线不顺手时，可停笔不继续向下画，适当转动图纸，再从顺手方向运笔。

接头：曲线接头位置一般选在曲线顶点附近，曲线接头时提笔和落笔要稳、准，不跑线，避免出现折角或交叉现象。

2.1.4.2　直线笔

方法：画直线时必须紧靠直尺，由于钢笔片具有一定的厚度和弧度，直尺位置应与所画直线间留出一定的距离（0.2～0.4 mm）。画线的姿态是直线笔的螺丝朝外，轻靠尺边，笔杆略向右倾，使两钢片同时接触纸面，左手按牢直尺，保持直线笔的运笔面与直尺始终垂直，由左到右，速度均匀，用力一致，一笔画完。

注意事项：

（1）直线笔笔头的装墨汁量以高不超过 5 mm 为宜（装墨汁过多容易溢出，过少又不能保证画完一条线，钢片外侧一定不能带有墨汁，以免弄脏图纸）。

（2）画较长的直线时，需要挪动身体，并随右臂画线方向移动，人最好站起来，左手按住直尺，但又应当能轻巧地随之移动。

（3）画 0.5 mm 以上的粗直线时，先画两边线，然后再依直尺画线，将中间填满墨汁。

（4）每次画线都要用螺丝调整好粗细，在另外一张纸上试画一段，然后将笔放在直尺两端检查直尺与所画线的距离是否适宜。

（5）直线笔用完后，应将笔头螺丝松开，擦拭干净后予以保存。

2.1.4.3　小圆规

方法：绘圆时，以右手拇指和中指捏住小圆规套管上部，食指顶住轴针上端丝帽。先将笔头提起，然后将轴针尖对准圆心，再轻轻放下笔头，用中指和拇指按顺时针方向交替拨动套管顶部，使笔头旋转一周，即可画出小圆。圆画好后，先提笔头，再提轴针。

注意事项：画圆时，一定要保持小圆规笔杆垂直；旋转笔头一般只能转一次，不要猛转；要轻按轴针，以防刺孔太大，影响质量。

2.2　地形图量测实习 1（坐标、距离、高程量测）

地图量测就是在地图上按一定方法计算出各种现象的数量特征，并评价所得结果的精度。在地图上可以量测各种物体的坐标、长度、面积、坡度、体积等。量测方法可以用手工方法，也可用仪器和计算机方法进行。影响量测精度的因素有地图比例尺、地图投影、地图概括等。

2.2.1　实习目的

为读图、用图、野外实习以及地理信息系统与遥感课程的相关内容奠定基础。

2.2.2 实习内容

国家基本比例尺地形图采用的是高斯—克吕格投影（1∶1 000 000 除外），同时具有地理坐标和平面直角坐标系格网，因此可测定任意地面点的坐标值。

2.2.2.1 地面点平面直角坐标的量测

先查出某点（P）所在直角坐标的千米格网，并计算出该千米格网西南角点（A）的坐标（x_A，y_A）；然后过待测点（P）作平行于 x 轴和 y 轴的直线，分别在千米格网西、南两边得两交点，如图 2-1 所示。

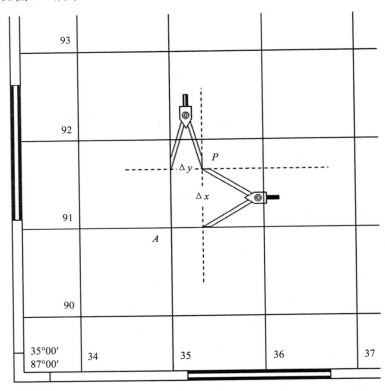

图 2-1　平面直角坐标量测

用两脚规分别截取该两点至本千米格网西南角点 A 的距离，并放置于图上直线比例尺读出距离，得到测点 P 在此千米格网的坐标增量 Δx_A，Δy_A。最后按式（2-1）、式（2-2）计算出待测点的坐标值（结果以 m 为单位，精确到小数点后 2 位）。

$$x_i = x_A + \Delta x_A \tag{2-1}$$

$$y_i = y_A + \Delta y_A \tag{2-2}$$

2.2.2.2 地面点地理坐标的量测

首先找出待测点（P）在地形图上的位置，相对应地联结其附近的经、纬度短线，形成经纬网格（A，B，C，D），并读出待测点（P）所在经纬网格西南角点（A）的地理坐标值 λ_A，φ_A；再确定 P 点到它所在经纬网西、南两边垂线长度的相应秒值，如图 2-2 所示。

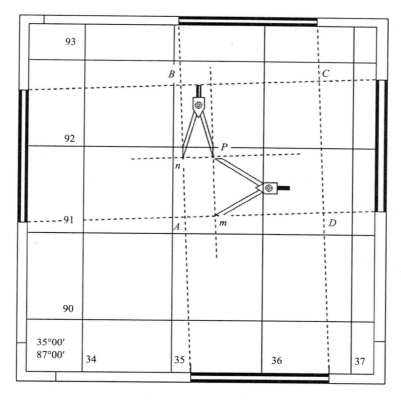

图 2-2　地理坐标量测

　　为此，可用两脚规量取 P 点所在方格的长边 CD 和宽边 AD（相当于 $1''$ 的经线长和纬线长），同时，量出 P 点至西、南两边垂线长 P_m 和 P_n。根据式（2-3）、式（2-4），算出增量值：

$$\Delta \lambda_{\mathrm{p}} = \frac{P_n}{AD} \times 60'' \tag{2-3}$$

$$\Delta \varphi_{\mathrm{p}} = \frac{P_m}{CD} \times 60'' \tag{2-4}$$

　　式中：$\Delta \lambda$ 和 $\Delta \varphi$ 分别为 P 点到所在方格西、南边的垂线长所代表经差和纬差的秒值。

　　则待测点 P 的地理坐标值为（最后结果精确到小数点后 2 位）

$$\lambda_{\mathrm{p}} = \lambda_{\mathrm{A}} + \Delta \lambda_{\mathrm{p}} \tag{2-5}$$

$$\varphi_{\mathrm{p}} = \varphi_{\mathrm{A}} + \Delta \varphi_{\mathrm{p}} \tag{2-6}$$

2.2.2.3　直线距离量测

　　直线距离量测的常用方法有两种：

　　（1）根据两点的坐标，利用解析几何中计算两点距离的公式。

$$L = \sqrt{(X_{\mathrm{B}} - X_{\mathrm{A}})^2 + (Y_{\mathrm{B}} - Y_{\mathrm{A}})^2} \tag{2-7}$$

（2）用直尺或两脚规直接量测，按地形图比例尺换算成实地长度。

2.2.2.4　曲线长度（河流、道路、岸线等）的量测

曲线长度量测的常用方法有两种：

（1）曲线逼近法。即将曲线转化为多段直线求和的方法。当曲线变化较小时，可划分为不等距的近似直线量测；当曲线复杂，变化较大时，可划分为等距的线段（如 2 mm），作为近似直线量测。

（2）曲线量测仪法。在使用曲线量测仪时，要选择适合地图比例尺的分划盘，并检验曲线量测仪。检验的方法可利用所量测地形图上的千米格网或直线比例尺作试验基础，用曲线仪反复量测若干次，以确定曲线仪上的每一分划是否代表实地距离的整千米数。用曲线量测仪沿所量测线小心往返 4 次量测，然后取其算术平均值。现在，已较少采用这种仪器进行曲线量测。

以上量测可根据实际情况规定量测结果单位（km 或 m），一般精确到小数点后 2 位。

2.2.2.5　高程量测

现代地形图是用等高线表示地形的高低起伏的。其主要优点是，通过等高线可以直接量取图面上任一点的绝对高程和相对高程，获得关于地形起伏的定量概念。等高线地形图上地貌类型的识别如表 2-1 所示。

表 2-1　等高线地形图上的地形及其表示方法

地形	表示方法	示意图	等高线图	地形特征	说明
山地 山峰	闭合曲线内高外低为山峰，符号"▲"			地形起伏大，山顶中间高，四周低	示坡线画在等高线外侧，坡度向外侧降
盆地 洼地	闭合曲线外高内低			四周高中间低	示坡线画在等高线内侧，坡度向内侧降
山脊	等高线凸向低处			从山麓到山顶高耸的部分	山脊线也叫分水岭
山谷	等高线凸向高处			山脊之间低洼部分	山谷线也叫集水线

地形	表示方法	示意图	等高线图	地形特征	说明
鞍部	由一对山脊等高线组成			相邻山顶之间呈马鞍形	鞍部是山谷线最高处,山脊线最低处
峭壁陡崖	多条等高线重叠在一起			近于垂直的山坡,称峭壁;崖壁上部凸出处称悬崖或陡崖

在图上求点的高程,主要是根据等高线及高程注记(示坡线及该图的等高距)推算。

若所求算的点位于等高线上,则该点的高程就是所在等高线的高程。若所求点位于两条等高线之间,可以根据比例关系求算。

相对高度的计算,主要有以下两种情况。

(1)山体相对高度的计算。一般来说,若在等高线地形图上任意两点之间有 n 条等高线,等高距为 d(m),则这两点的相对高度 H 可用下式求算:

$$(n-1)d<H<(n+1)d \tag{2-8}$$

如图 2-3 所示,求 A、B 两点间的相对高度。A、B 两点之间有 3 条等高线,等高距为 100 m,利用式(2-8)可估算出 A、B 两点间的相对高度为 200 m$<H<$400 m。

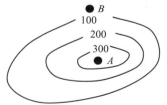

图 2-3 山体相对高度的计算

(2)陡崖相对高度的计算。一般情况下,等高线不能相交,因为同一地点不会有两个海拔高度。但在悬崖峭壁处,等高线可以重合(图 2-4)。假设陡崖处重合的等高线有 n 条,等高距为 d(m),则陡崖的相对高度 H 的取值范围是:

$$(n-1)d \leqslant H<(n+1)d \tag{2-9}$$

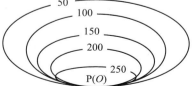

图 2-4 陡崖相对高度的计算

2.3　地形图量测实习 2（面积量测）

2.3.1　量测方法说明

在地形图上量测面积是地形图室内主要应用内容之一，如量测水域面积、地类面积、水库汇水面积等。常用量测方法有方格法、平行线法、求积仪法以及计算机法。

2.3.1.1　方格法

用一块带有格网的透明胶片或透明方格纸，蒙在待量测的图形上，如图 2-5（a）所示。先数出图形范围内完整的方格数，然后将不完整的方格凑成完整的方格数，二者相加得总的方格数，再乘以每一方格所表示的实际面积，即为所求面积。有时也可利用地形图上的方里网进行量测。

2.3.1.2　平行线法

将绘有一组等间隔平行线的透明膜片，蒙在需要量测的图形范围上，把量测范围分割成若干个等高条形，如图 2-5（b）所示。然后量取图形所截的各段平行线长度的总和，再乘以平行线间隔和地图比例尺分母的平方，即得图形的实地面积。在作业时，应尽量使平行线方向与图形较长方向相一致，以减少计算量并提高量测精度。

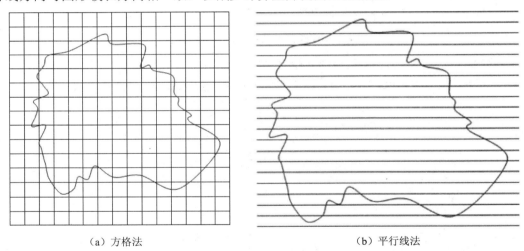

（a）方格法　　　　　　　　　　　　　　（b）平行线法

图 2-5　面积量测方法

2.3.1.3　求积仪法

该方法是利用一种量测面积的仪器——求积仪完成的。用求积仪量取图形面积是根据积分原理完成的，故求积仪又称积分仪。该方法操作简便并能保证较高的精度。其中，定极求积仪是一种常用求积仪，现对该类仪器的结构和读数方法简介如下。

（1）构造。定极求积仪由极臂、航臂和计数器三部分组成，如图 2-6 所示。计数器由内刻有分划的测轮、游标和读数盘三部分构成，如图 2-7 所示。

（2）读数方法。根据求积仪的计数器，可以读出 4 位数字，其具体读数如图 2-7 所示。

1）在读数盘上，根据指针位置读出千位数为 3；

2）在测轮上读出百位数和十位数，其方法是看游标 0 分划线指在测轮的哪个分划值上，图 2-7 显示百位、十位读数为 39；

3）按游标读取个位数，即看游标上哪一条分划线与测轮的分划线重合，图 2-7 显示个位数为 2。

可见，总体读数为 3 392。

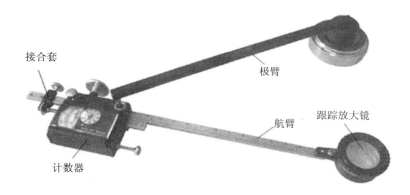

图 2-6　定极求积仪

图 2-7　定极求积仪的计数器

（3）使用方法。操作时，将极臂与航臂连接，并在图形轮廓线上选择一个特征点作为起点，作出记号。在图形之外选择一个定点作为极点，极点的位置使极臂与航臂近于直角。将航针对准起点，从计算器上读取起始读数 n_1。然后以均匀速度使航针顺时针方向沿图形轮廓绕行一周，回到起点，读取终止读数 n_2，则面积为：

$$S = C(n_2 - n_1) \qquad\qquad (2\text{-}10)$$

式中：C——求积仪一个分划值代表的面积，对一定长度的航臂来说，它是一个常数，一般可以从求积仪附表上查得，也可用下面方法求得：

在平整的图纸上绘一已知边长的正方形（宜利用地形图中的方里网）。将极点放在正方形之外，使航针绕正方形一周，测得 n_1 及 n_2 两读数，由于正方形面积 S 已知，则 C 可由下式求得：

$$C = \frac{S}{n_2 - n_1} \qquad\qquad (2\text{-}11)$$

C 值应反复量测几次，取其平均值作为求积仪的常数。每次航针分别沿顺时针方向和逆时针方向各绕行一周。

使用求积仪应注意以下几点：

（1）纸要放平整，最好没有接边，如有接边可分两次量算。

（2）极点位置应适当。安置极点时，应先大致绕图形轮廓线一周，注意航臂与极臂的夹角应介于 30° 与 150° 之间。

（3）量测时，航针必须均匀准确地沿被测图形轮廓边线移动，中途不能停顿。

近年来，数字式（电子）求积仪得到了日益广泛的应用。这种求积仪由微型计算机代替机械式求积仪中的计数器系统，可直接用数字显示测定面积值，还附有多种换算功能（如比例尺换算、单位换算等）以及累加量算、平均值量算、累加平均值量算等功能，量算速度较快，精度较高，可靠性好。其中，KP-90N 型电子求积仪（图 2-8）是一种常见的数字求积仪。这种电子求积仪采用轮型转动，8 位液晶屏显示读数，具有记忆储存、数据保持等功能。与机械求积仪类似，数字式求积仪量测面积时的步骤包括：准备工作、打开电源、设定单位及比例尺、图形跟踪等。主要优点是用电子显示代替了读数盘和游标指示，操作更为简捷、方便。该仪器的功能键说明及操作步骤可参阅相应仪器说明书。

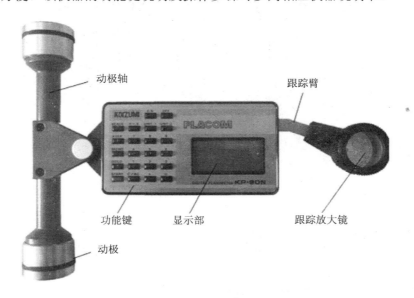

图 2-8　KP-90N 型电子求积仪

2.3.1.4　计算机法

目前各种制图软件中一般都提供面积量算工具，可直接点击该工具按钮或菜单条，围绕待测区域跟踪一周便可立即显示其面积。

2.3.2　实习目的

掌握在地形图上进行面积量测的常用方法，并比较各种方法的特点及量测精度。

2.3.3　实习用具

（1）基础资料：在大比例尺地形图上选定拟量测的区域，如水域、典型地类、水库汇水区域等。

（2）使用工具：透明坐标纸、聚酯薄膜、直尺、三角板、求积仪、计算器。

2.3.4　实习内容

分别用方格法、平行线法、求积仪法或计算机法中两种以上方法，量取区域的面积，最后比较量测结果。

2.3.4.1　方格法

（1）将地形图定在图板上，使图面保持平整。

（2）依地图比例尺确定透明方格纸的每一大格（厘米边长）和每一小格（1 mm、2 mm和 5 mm 边长）所代表的实地面积。

（3）将透明方格纸蒙在待测面积的图形上，适当调整方格纸的位置，以便得到更多的完整方格；也可将所测图形转在透明纸上，方便计算格数。

（4）数出量测范围所占的方格数，可先数大格，后数小格，对不足一格的，用目估法确定它占小格的几分之几，或与附近不完整的小格折合成一个或几个小格。数方格时要细心，要边数边作记号，以免遗漏或重复，如图 2-9 所示。

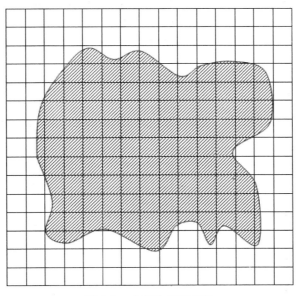

图 2-9　方格法量测面积

（5）计算实地面积。

2.3.4.2 平行线法

（1）绘制平行线膜片。可在透明纸或聚酯薄膜片基上，以 2 mm 间距（h），按照大于测量面积的图形绘出若干条平行线。

（2）把地形图固定在图板上，使图面保持平整。

（3）将绘有等间距平行线的透明膜片蒙在量测的图形上，并使下方的某一平行线切于图形最下方的端点，上方的某一平行线切于上方图形端点，如图 2-10 所示。

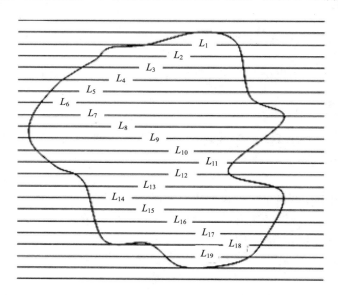

图 2-10　平行线法量测面积

（4）用分规量取被测图形截取的各段平行线长度 L，并求其总和 $\sum L$。

（5）按下式计算实地面积：

$$S = h \cdot \sum L \cdot m^2 \qquad (2\text{-}12)$$

式中：S ——实地面积；

　　　m ——地图比例尺分母。

2.3.4.3 求积仪法

（1）将地形图固定在一个平整的图板上。

（2）检查求积仪各部件是否完好，测轮能否正常运转，游标和读数盘能否清楚读数。

（3）测定乘常数 C。如果在仪器附表上查不到，可按上述方法自己测定。依量测图形的大小选择适当的航臂长度，一般图形小的用较短的航臂，反之则用较长的航臂。

（4）确定极点位置，极点应选在图形的外边，试运行一次，若运行中有困难，两臂夹角小于30°或大于150°，须调整极点的位置。

（5）确定航针起始位置，将航针起始点定在使两臂近于垂直，并在开始运行时，有一段行迹能与测轮旋转轴保持平行，此时为最佳位置。

（6）在图形边界上标定起点，将航针对准起点，分别以顺时针和逆时针方向仔细沿图形边界匀速运行，最后回到起点。

（7）在航针运行前，先从计数器上读取起始读数 n_1，航针绕图形一周回到原位时，从计数器上读取终止读数 n_2，作为一个运行方向的读数，每次读数时要读取 4 位数。

（8）将数次运行测得的面积换算成实地面积，并取其平均值。

2.3.4.4　计算机法

（1）打开已有或输入的地形图数据。

（2）如制图系统有面积量算工具，可直接利用该工具，用鼠标围绕拟测区域"走"一圈，即可在窗口中读取面积值。如果没有该工具，则建立汇水面积图层，勾绘汇水面积区域，查看该区域多边形属性，即可显示。

2.4　地形图阅读实习

地图主要表示的是制图区域内各种地理环境信息及其时空分布规律。地形图阅读是了解制图区域内地理特征与分布规律的一种重要手段，是地理研究的基本技能之一，是地图分析与应用的基础。

最初进行地图阅读，应对照地形图图式图例；随后，应尽快熟悉常用地形图图式符号并逐步积累读图经验，以加快阅读速度、提高阅读质量。地形图阅读实习过程中，应仔细阅读地图中所有图形要素，包括自然和社会经济要素、数学要素和辅助要素，运用符号与表示对象的联系，提取出主要地理要素之间的分布特征以及相互联系，进而概括出制图区域的地理特征。

2.4.1　实习目的

（1）熟悉各种地形图常用符号及其意义，建立符号与表示对象之间的联系，加深对地图的认识。

（2）逐渐掌握阅读地形图的方法，加快阅读速度。

（3）提取主要地理要素之间的分布特征以及相互联系，进而概括出制图区域地理特征。

2.4.2　实习内容

选择一幅图形要素比较全面，低山丘陵地区的 1∶10 000～1∶50 000 地形图，以理解地图诸要素的内容。在对地形图进行观察、分析的过程中，客观、准确地读出各种图面要素的位置与相互关系，这些要素的数量和质量特征，以及人类活动对自然环境的影响。

2.4.3　读图基本原则

（1）先看辅助要素，包括图名、比例尺、测绘年代、制图单位、大地坐标系统、高程起算面、图式、成图方法等。从而可以了解地图的基本概括、其现势性以及精确性。

（2）先整体再局部后碎部；先概略看，再仔细看。

（3）根据用图目的，重点要素反复看，相关要素综合看。有时还需要在图上量测，进行定性、定量分析。

（4）借助图式符号进行阅读。确定符号所示地形、地貌的性质、大小以及分布规律。

（5）运用演绎推理的方法，根据图上反映的地理形象，推断出专题现象的成因、分布规律，等等。

2.4.4 读图方法

2.4.4.1 自然地理要素

（1）地形地貌：主要手段是观察、分析等高线。

1）分析该地区的绝对高程、相对高程，确定地貌类型（平原、丘陵、山地、高原）。

2）分析山脉的走向、山顶的形态、山谷形态、山坡坡度坡形、地面倾斜变化，确定整个区域的地形特征和分布规律。

（2）水系：分布情况和规律。如河流的形状特征、分布情况；水流的流向、流速、航运和主、支流情况；人工水利情况，包括渠道、水库等。

（3）土质植被：土质类型及分布，植被的种类以及面积。

2.4.4.2 社会经济要素

（1）居民地：类型、大小、结构、密度、行政意义。

（2）交通通信：道路种类、分布、长度、布局的合理性。

（3）土地利用与厂矿分布：各种工农业用地的分布特点、面积大小，厂矿分布情况。

通过对自然地理要素与社会经济要素的阅读，可对研究区域内地势形态的基本类型，主要居民区、道路、水系等的分布状况概况有一个整体概念。至于详细研究的内容与要求，就要根据具体的工作任务进行具体分析。

2.4.4.3 综合分析评价

人类活动对自然的影响和利用开发情况以及对工农业生产布局规划分析和建议。

2.4.5 读图注意事项

（1）要明确地图上的内容和实地是有差距的（地图内容是经过取舍与化简后的结果）。

（2）有时可参考航片和其他资料进行对照，以便对地形、地物有较全面的了解。

2.4.6 提交实习成果

写出 2 000 字左右的阅读报告，对地形图表示区域内自然与社会经济要素的分布规律进行提取、概括，内容需有必要的量算数据。

第3章　地形图野外应用实习

3.1　概述

　　野外实习是地图学教学的重要组成部分，既是理论联系实际的关键环节，又是提高学生动手能力，培养专业素质、专业技能以及团队协作精神的重要途径。地形图野外应用实习是以地形图野外读图对照、地形图野外填图为主线进行的，一般分为3个阶段：野外实习前期准备、实习期间的组织管理与实施、实习后期工作，以下分别进行介绍。

3.1.1　野外实习前期准备阶段

　　野外实习前期准备工作是野外实习顺利进行的重要保证。本阶段主要包括以下几个方面的工作。

3.1.1.1　野外实习计划的制订

　　按照专业培养方案及教学大纲的规定和要求，由任课教师负责完成切实可行的实习计划及实习指导手册。

　　（1）选择实习时间和区域。野外实习应安排在学生学完相应的基础课程之后，综合考虑季节与气候的影响，安排适宜的实习时间。选择实习区域要兼顾以下几个因素：地貌类型多样化、生物种类和数量比较丰富、人为干扰少。注意安全问题，一般不可把一些地势过于险峻的区域作为实习点。

　　（2）制定严格的野外实习纪律。为了保证野外实习的顺利进行，保障师生的人身安全，应制定严格的野外实习纪律，包括食宿规范、安全制度、请假制度等。

　　（3）制定实习成绩考核制度。实习成绩考核制度包括考核内容、考核方式和评分细则。其中考核内容包括学生对知识的掌握和应用、精神面貌及团队协作情况等。考核方式主要是检查实习报告（实习日志）与专题地图完成情况，同时也应参照或结合野外实习过程中学生的实际表现和操作能力。

3.1.1.2　野外实习经费预算

　　实习经费的预算要根据实习计划安排，本着科学、合理、节约的原则进行，预算时应恰当考虑到食宿、交通等。

3.1.1.3　实习动员与实习分组

　　野外实习之前，应召集所有参与实习的师生召开实习动员会。动员会的内容应包含以下几点：第一，阐述实习的重要性，以引起学生的足够重视，调动其积极性，使学生能够自觉、主动、积极参与实习，以防止消极实习态度；第二，明确实习要达到的教学目标及学生需要完成的任务。带队教师应向学生介绍实习地区概况、实习的主要内容、具体实习计划、各位参与实习教师的职责、实习中应注意的事宜以及一些应急措施，特别要强调实习纪律，以保障野外实习顺利进行；第三，提倡大家在实习中团结合作、互相帮助。

参加实习的教师应包括专业指导教师、生活管理教师及思政辅导员（可由指导教师或生活老师兼任）。专业指导老师应根据参加实习的学生人数及实习任务强度，将实习学生平均分成几个小组，每个小组指定相应的小组负责人。小组负责人协助教师组织好所有实习活动，及时传达教师布置的任务和反馈学生的情况；实习前通知组员携带有关的实习仪器、工具用品等；实习过程中负责整队、清点人数和安全工作。

3.1.1.4 仪器工具发放

专业指导教师应根据实习计划及具体的分组情况，发放实习仪器及用品。地图学野外实习常用的仪器有指北针、高度表、手持 GPS、手持测距仪、望远镜、钢卷尺等，用具有记录本、地形图、三棱尺、小刀、绘图笔。应强调爱护仪器工具，责任落实到学生。除此之外，还应要求学生携带雨具、太阳帽、背包、手电筒、个人洗漱用品。实习集体还应准备医药箱及常用的药品。

3.1.2 实习期间的组织管理与实施阶段

实习的主体部分为野外阶段，这一阶段的组织和管理将直接影响实习效果。实习期间的食宿管理、人身安全是实习顺利进行的有力保障。生活教师在学生到达实习地点之前，应做好学生的食宿安排，特别要做好对少数民族学生的食宿安排，且要做到安全、方便、卫生、价格低廉。实习开始之后，生活老师还应和其他教师共同处理学生在实习过程中遇到的各种问题，维护好驻地的安全，另外，学生回到驻地后应督促学生爱护公物、做好驻地的卫生。

野外实习过程中，专业指导老师要按野外实习计划领导和督促学生进行实习。指导老师应主动与学生交流探讨，解答学生提出的各种专业问题，这样才能更好地开展专业教育，使野外实习取得良好的效果。

思想工作也是实习管理的一项重要内容。野外实习不仅要锻炼学生的野外工作能力，检验学生对知识的掌握情况，还要培养学生的团队协作精神、组织纪律观念和战胜困难的意志品质。因此，实习指导教师应做好学生的思想工作，这样才能更好地激发学生的实习热情和克服困难的勇气。

3.1.3 实习后期工作阶段

实习后期工作主要是参与实习的所有成员对本次实习进行详细总结及做好相关的收尾工作，包括以下几个方面：

（1）清还仪器用具、结算报销相关费用。野外作业结束后，指导教师应督促各小组按时清还实习过程中所用的仪器、用具。同时生活老师对实习过程中发生的相关实习经费进行整理、结算并报学校财务主管部门报销、存档。

（2）实习报告的撰写。实习结束后每人要完成一篇综合性实习报告，在写报告之前，教师要布置实习报告书的编写要求。包括实习报告的结构、格式、内容、篇幅等。实习报告的内容应充分体现出学生在实习过程中学到的知识点，一般包括实习区域地理概况（如地貌、气候、植被等）、实习内容与过程等。最后总结本次实习的体会、收获，讨论实习中遇到的问题。

学生应在实习报告书中对野外实习学到的知识点进行梳理与总结，并将其按教师提出的编写要求反映出来，也可以就野外实习中的教学、生活、管理等方面的问题提出个人见解。

（3）实习成绩评定。实习成绩应根据三个方面来评定，一是学生对知识的掌握和应用情况；二是学生实习报告的质量；三是学生在野外实习期间的表现。指导老师应根据各学生的野外实习成果和实习表现，客观、公正地给出实习成绩。

（4）实习总结。召开实习总结会，对本次野外实习进行总结和交流，从而使实习学生进一步明确野外实习的目的、内容，为其以后的学习、工作奠定基础。同时组织实施专门的教研活动，认真总结分析野外实习过程中的经验和不足，并提出相应的改进建议和措施。

3.2 地形图野外实习 1——野外读图对照

地形图野外读图对照是指通过地形图上的各种地物符号，判读出相应的地形地貌，获取地理信息的过程。它是野外调查与填图作业的基础，是地学工作者特别是地理科学工作者必须掌握的基本技能。

3.2.1 实习目的

（1）巩固与强化课堂教学内容，融会贯通地形图使用方法与应用。

（2）了解实习区域的地形地貌与地物概况，并对地图内容与实地相应地形地貌、地物进行对比，为野外填图作业奠定基础，同时积累读图经验，提高读图水平。

（3）培养学生野外使用地图的能力，为后续课程的学习奠定坚实的基础。

3.2.2 实习基本要求

（1）熟悉常用地形图图式符号。

（2）掌握基本填图工具（罗盘、手持 GPS、手持测距仪、高度表等）的使用方法。

（3）掌握快速寻找站立点位置、标定地图以及实地对照读图的方法。

3.2.3 实习所用仪器工具

实习区域的地形图、航片；罗盘、高度表、望远镜、手持 GPS、手持测距仪；书夹子、三棱尺、铅笔、橡皮、透明纸。

3.2.4 实习内容

3.2.4.1 快速标定地图方向（地图定向）

大比例尺地形图是进行野外调查（如地理科学考察、地质调查、土地资源调查）和野外填绘某些专题地图（如土地利用/覆盖等）的基本工作底图。所谓地图定向或标定地图就是使地形图的方向与实地方向完全吻合。一般而言，有三种基本方法：①利用罗盘仪（指北针）定向；②利用线状直长地物定向；③利用特征地物定向。

（1）利用罗盘仪定向。在野外用罗盘定向是最方便、常用的方法，如图 3-1 所示。按照实际操作时依据的基准线不同又可分为按磁子午线定向、按真子午线定向和按坐标纵线定向。

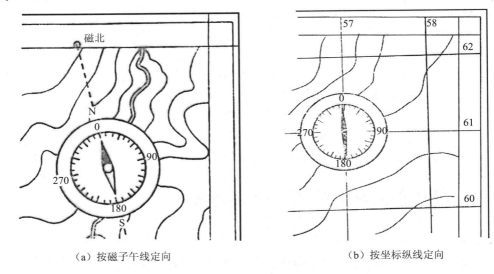

（a）按磁子午线定向　　　　　　　　　（b）按坐标纵线定向

图 3-1　利用罗盘仪定向

1）按磁子午线定向：地形图南北图廓线上注有磁南、磁北两点的连线（一般为虚线）即为磁子午线。定向时将罗盘的直尺边（南北线）与磁子午线重合或平行，然后均速、水平转动地形图，使磁针北端对罗盘仪的北刻度"0"分划线，使磁针与磁子午线平行即可。

2）按真子午线定向：首先使罗盘直尺边与地形图上的东西图廓线重合，从地形图下部"三北"方向上查得磁偏角值，如北京西部地区磁偏角值为5º51′，然后均速、水平转动地图，使磁针偏角与磁偏角相等，即完成地图定向。

3）按坐标纵线定向：把罗盘直尺边与坐标纵线（方里网纵线）重合，从地形图下部"三北"方向线上查到磁坐偏角值，如北京西部地区磁坐偏角值为5º17′，然后均速、水平转动地图，使磁针北端指向磁坐偏角相应的分划值即可。

注意：①通常使用罗盘仪定向时应远离铁轨、高压线、铁桥、汽车等磁性地物，另外需将罗盘仪置大致水平，待磁针稳定后再读数。②在实际野外定向中，较少用真子午线定向，而较多地利用坐标纵线定向或磁子午线定向。

（2）利用线状直长地物定向。利用已知线状直长地物定向是最为快捷的地图方向标定方法。如图 3-2 所示，持图者需对照附近地形，使得图上地形与实地的关系位置概略相符，然后在图中找出一条线状直长地物，如铁路、公路、河流、渠道、土坎、堤坝等，确定方向。具体做法是，持图者站在线状地物上，用一直尺贴放在图面上的对应地物上，然后转动图纸，沿直线边缘瞄准实地线状地物，使图面上的线状地物与地物上的线状地物完全一致，即完成地形图定向。

（3）利用特征地物定向。使用该方法的前提是能够确定站立点在图上的位置，再选定远方一个实地和地图上都有的明显特征地物点（如山顶、宝塔等独立物），将直尺边切于图上的站立点和该地形点上，转动地图，通过直尺边找准实地明显地形点，即可完成地形图方向的标定，如图 3-3 所示。

图 3-2　利用线状直长地物定向

图 3-3　利用特征地物定向

3.2.4.2　判定观察点的位置

在野外标定地图方位以后，为实现实地对照，应先在地形图上确定自己的站立点在图上的位置。准确确定站立点的位置是野外阅读地形图的前提。在野外由于条件和情况不同，所采用的方法也不同，常用的定位方法有下述几种。

（1）特征点法。特征点法也叫位置关系法，是最为快捷确定站立点的方法。所谓特征点包括地形地貌特征点（如山头、隘口、道路交汇点、河流交汇点等）或地物特征点（如庙宇、亭子、宝塔、烟筒、天文台、桥梁）。如图 3-4 所示，当持图者站在明显地形地物特征点上或其附近时，可在图上找出该特征地形地物符号，根据站立点与特征点的位置关系即可快速确定站立点在图上的位置。利用位置关系法确定站立点主要是依据两个要素：一是站立点至特征点的方向，二是站立点至特征点的距离。在地形起伏明显的地方，还可以结合高差情况进行判定。

（2）后方交会法。首先按上述方法准确标定地图的方向，在远方找到两个或两个以上实地和图上都有的明显特征点，随后用直尺分别切于两个以上明显地形符号点上，如图 3-5所示，并转动直尺另一端，瞄准实地地物，但不得破坏地形图的方向；瞄准后沿直尺向后画方向线，两根方向线的交点即为站立点在图上位置。实际中，如果条件允许最好方向线的根数多于两根，这样一方面可以检查瞄准时的粗差和错误，另一方面也可有效提高定位精度。如果方向线的根数多于两个，很可能出现不完全交于一点的情况，此时如果交点相距很近，一般而言是瞄准、测量误差所致，可取交点的几何中心作为定位的结果；反之，如果交点差距较大，可能在瞄准时存在粗差或错误，需要重新瞄准、画线。

图 3-4　特征点法

图 3-5　后方交会法

（3）侧方交会法。该方法适合于在线状地物（道路、河渠、土堤）上用图时，确定站立点的位置，又称截线法。具体步骤是：首先准确标定地图的方向，选择图上和实地都有的明显特征点，将直尺切于图上明显地形符号的主点上（可插针），转动直尺向实地相应地形点瞄准，并向后画方向线，方向线与线性地物的交点就是站立点的位置。如图 3-6 所示，持图者在水渠一侧上，在水渠一侧较远处选择独立房为明显地形点，将直尺切于图上独立房符号，摆动直尺，向实地独立房瞄准，直尺切于独立房的一侧与水渠符号的交点，即站立点的图上位置。

图 3-6　侧方交会法

（4）GPS 定位法。GPS 是一种能够对 GPS 卫星发送的导航定位信号进行接收、跟踪、变换和测量的接收设备。GPS 仪有静态定位与动态定位两种类型。利用它可测定目标点的坐标与高程，根据测得数据，把目标点转绘到地形图上。

3.2.5　获取地理信息

在标定好地图并确定站立点的位置后，就可进行实地对照读图了，如图 3-7 所示。实地对照读图，就是将地形图上各种地形地物符号，与实地相应地形、地物进行一一对照，找到地形图上的同名地形、地物点。对照读图的基本原则是，先易后难、先特殊后一般、先大后小、由远及近、由点到面综合对照。利用地形图和现势性好的航片配合起来进行实地对照读图，可获取更为丰富的地理信息，取得更好的效果。

图 3-7　野外对照读图

在山地和丘陵地对照时，可先对照大而明显的山顶、山脊、谷地，然后再顺着山脊或谷地的走向，根据方向、距离、高程、形状及位置关系对照山顶、鞍部、山脊、山谷等地形细部；在平原地形区对照时，可先对照主要的道路、居民地和突出独立物，再根据关系位置逐点分片进行对照。

需要强调的是，要想快速准确地进行对照读图，就必须熟悉各种常用地形、地物符号，如山顶、鞍部、山脊、山谷、水体以及居民地、道路、境界线，等等，并在实际应用中逐步提高野外对照技能。

3.3　地形图野外实习 2——野外填图实习

野外填图是将野外调查或调绘的内容用符号或文字标绘到地形图上，是编制大比例尺地质、地貌、土壤、植被、土地利用等专题地图的主要方法之一。例如：在地类调查中，野外填图是对每块土地的类型、位置、范围的分布情况（即土地利用现状类型）用铅笔圈绘在地形图上。其具体地类分类的名称及其含义见书后附表。

3.3.1　实习目的

（1）培养学生野外用图能力，同时拓展地图学与地学的相关知识。

（2）培养科学严谨的工作作风、严格的组织纪律性以及吃苦耐劳的团队精神。

3.3.2　实习基本要求

（1）掌握基本填图工具（罗盘、手持 GPS、手持测距仪、高度表等）的使用方法。

（2）掌握利用基本填图工具将专题内容（调查对象）填绘到地理基础底图上（一般为地形图上）的方法，并完成专题地图（作者原图）的制作。

3.3.3　实习所用工具仪器

罗盘、步数仪、高度表、望远镜、手持 GPS、手持测距仪、地形图；书夹子、彩色水笔、量角器、三棱尺、铅笔、橡皮、稿纸、透明纸。

3.3.4　实习内容

实习内容主要包括填图准备、野外填绘作业和内业整饰作业。

3.3.4.1　填图准备

（1）确定填图范围，根据地形图、航片等资料大致了解填图区域的基本概况，制定图例，准备好野外填图所用的仪器和工具。

（2）熟悉填图内容、分类系统及图例符号和表示方法。填图前要认真研究填图内容，最好依据国标或行业标准确定分类，制定相应图例。

（3）明确填图任务、精度要求和最小图斑，做好人员组织工作。

（4）选定填图路线和观察点，并在地图上标出，使其能尽量观察到大范围的地形地物。将地形图贴在图板上或用书夹子固定好。

3.3.4.2 野外填绘作业

野外填绘作业是用简易测量方法测定方向、距离和高程，并参考图上其他目标，确定填绘对象在图上的位置或分布界线，再将填图对象按制定好的图示符号填绘在地形图相应位置上的过程，如图 3-8 所示。填图工作开始时，首先在地形图上找到站立点的位置，并尽量按预定路线和观察点进行填图。要注意沿途的方位物，随时按以上方法，准确地标定地图方向，并快速、准确地确定站立点位置。

图 3-8   野外填绘作业

野外填绘的主要工作量在于确定填绘对象在图上的位置或分布界线（如地类界）。填绘界线时，应最大限度地利用自然边界和人工边界，这样做准确、快捷，工作效率高。在无明显自然边界和人工边界时，需测定界线上特征点、标志性点和转弯点的坐标，并根据标绘在地形图上的特征点，对照实地将其轮廓或界线勾绘出来，并简明注记文字或符号。主要方法有极坐标法、磁方位角交会法和 GPS 定位法等。

（1）极坐标法：也叫方向-距离法。该方法以已知站立点为极点，用罗盘仪测量出站立点与待定点连线的磁方位角，将其换算为坐标方位角，再估计出两者的距离。根据站立点画出方向线，并依据估计出的距离确定待定点在图上的位置，可用步长法、目估法、臂长法、手持激光测距仪法等。

1）目估法：是凭经验用眼睛来估测距离。目测时要注意光线及环境的影响——面向阳光容易估计过远，背向阳光容易估计过近；从山地看平地容易估计过远，从平地看山地，容易估计过近。因此，有时需要根据经验进行适当的修正。

2）臂长法：如图 3-9 所示，填图者手持野外填图用铅笔，伸直手臂于眼前，用铅笔的顶对准已知高度的目标物顶部，然后将手指下移至目标物的底部。设目标物高为 H，手臂长为 d，铅笔上的长度为 h，则根据相似三角形原理，可算出站立点至目标物的距离 D，见式（3-1）。

$$D = d \times \frac{H}{h} \qquad (3-1)$$

为了便于用此法测距，平时应多搜集一些常见物体的高度，如标准电线杆、亭子等。

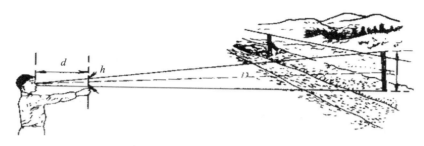

图 3-9　臂长法估算距离

3）步长法：当待定点可以到达时，常用这种简便测距法。人的步长一般为 0.7～0.8 m，为了获得比较准确的步长，各人应该在不同条件下（如上坡、下坡、路面平坦或凹凸不平）测定自己的步长，以便根据情况选用。测量时，用步数乘以步长，即可求出距离。经验证明，在平坦地区步测误差一般可保持在 ±5% 以内。步测也可使用步数计，其形如怀表，可携带在腰上，每走一步，步数计的机件受到一次震动，指针就跳动一格。步数计一般有 4 个度盘，分万步、千步、百步和十步，使用方便。步数计上端有一按钮，向下一按，全部指针都回到零位。

4）手持激光测距仪法：激光测距是利用激光反射的时间间接推算距离，它可以替代传统的钢（皮）尺测距。手持激光测距仪特别适合于野外填图作业以及小范围大比例尺的施工测量，其距离测量精度一般在毫米级。图 3-10 为 Disto Classic 5 型手持激光测距仪。

使用手持激光测距仪时不要直接瞄准太阳及强光源，以免烧坏仪器。不能直视激光束；禁用激光束瞄准他人眼睛，更不能通过光学镜片直视激光束。不用望远镜瞄准镜；不用手指触摸镜头，擦拭要用清洁柔软的布。使用前要检测，若误差在限差内可使用，超限则需检修。

极坐标法简单、方便，是野外填图确定目标点平面位置的主要方法，特别适合于平坦、开阔及通视良好的开阔地带。

（2）GPS 定位法：手持 GPS 特别适用于地学的野外调查填图，在野外许多情况下，很难找到明显的特征点，这时可用手持 GPS 定位。GPS 的基本原理是依据接收卫星发射的信号，自动推算点的坐标和高程。目前市场上很多型号的手持 GPS 接收机的定位精度都能满足野外填图的需要，如：Garmin 公司生产的 Summit、天宝（Trimble）公司生产的 GPS 接收机以及麦哲伦探险家 500（图 3-11），等等。以下以麦哲伦探险家 500 GPS 接收机为例，介绍手持 GPS 接收机的基本功能。

图 3-10　Disto Classic 5 型手持激光测距仪　　　　图 3-11　麦哲伦探险家 500 GPS 接收机

1）导航定位功能：GPS 定位是首先测定出 GPS 接收机到 GPS 卫星的距离，然后利用空间测边交会法计算出 GPS 接收机天线的坐标，麦哲伦探险家 500 GPS 接收机可直接显示站立点的坐标值。理论上，GPS 接收机需接收到 4 颗以上的 GPS 卫星信号才能实现导航定位。因此，最好在宽阔、空旷的地区使用。

2）电子罗盘功能：电子罗盘是 GPS 罗盘与磁力线罗盘结合的产物，它利用磁力线导航原理，使人们在野外都能轻松辨别方向。

使用 GPS 接收机定位时应注意：接收机应尽量远离大面积水体和山坡，以免引起多路效应，降低定位精度。另外，最好使接收机的显示形式与地形图大地坐标形式相一致。

（3）磁方位角交会法：该方法特别适合待测点很难或无法接近的情况，是野外填图中简单易行的定位方法。其步骤是选择图上和实地都有的两个明显的特征点，分别用罗盘仪在这两特征点上测出到待测点的磁方位角，再将磁方位角转换为坐标方位角，过两特征点按坐标方位角值画出方向线，方向线的交点即为待测点在图上的位置。

在野外填图中，填图者应能综合、灵活运用以上方法，做到既有较高的精度又有较高的工作效率。填图的作业要求是：标绘内容要清晰易读，做到准确、简明、及时。准确就是标绘内容位置要准确；简明就是线划清晰、注记简练、字体端正、图面整洁、一目了然；及时是指就地标绘、整理图面，以防止遗忘造成混乱。

3.3.4.3 内业整饰作业

当完成外业填绘后，要尽快对野外填绘的草图进行室内整饰与清绘，即按规定的符号和颜色标绘内容，完成全部填图工作。之所以要尽快对野外填绘的草图进行室内整饰与清绘，是因为如不进行尽快整饰，很可能影响野外填绘草图的可读性。内业整饰作业包括整理野外填绘成果、着墨清绘和地图整饰。

（1）整理野外填绘成果。野外填绘的成果主要有外业勾绘的草图和记录簿。回到室内需进行外业成果的整理、相关表格的填写。

（2）着墨清绘。要按统一规定的图式符号和着墨颜色进行清绘，以保障成图质量。着墨清绘的基本原则是先重点再一般。着墨清绘的顺序有两种：一种是按野外填绘的顺序着墨清绘，另一种是按地类顺序，一般顺序为点状地物→线状地物→行政界→地类界→注记。

另外，室内整饰不能随意改动外业标绘的点、线的位置。如果发现确有问题，必须进行野外重测。

（3）地图整饰。为了使图面清晰、美观且布局合理，需要对清绘后的地图进行整饰，如图 3-12 所示。整饰的次序一般为：先图内后图外，先地物后地貌。图内整饰时应按顺序一片一片进行，将图上多余的、无需保留的数字和线条（如地形特征点的注记和等高线）擦去。注记的字体和尺寸应符合规范。图内整饰完毕后，绘出图廓线，写出图名、图例、比例尺、测图单位以及绘图者和绘图日期。图名应反映制图区域和制图内容，应写在地图的正上方或左右上方的空白处，字迹要醒目、美观、大方、庄重；图例符号要完备，应配置在左右侧的空白处；比例尺、测图单位以及绘图者和绘图日期等辅助要素，可配置在图廓下方或左右侧的空白处，字体应略大于图廓内的文字注记。

完成地图整饰工作后，整个内业填图工作方告结束。

图 3-12　内业整饰作业

3.3.5　提交实习成果

（1）填绘出专题地图（如土地利用/覆盖现状图）。

（2）野外填图实习报告。

第4章　计算机地图制图实习

4.1　概述

计算机地图制图又称地图制图自动化或计算机制图，是随着计算机、图形图像处理、多媒体技术以及空间数据库等技术在制图领域的广泛使用而不断发展和完善起来的一门新的制图技术。计算机地图制图的出现大大缩短了成图周期，提高了地图的现势性，丰富了地图产品的种类，改变了地图产品形式过于单一的局面，降低了地图制图的专业门槛，实现了从传统制图学到现代制图学的跨越，是地图学领域的一次根本性变革。

4.1.1　计算机地图制图的特点

计算机地图制图是以计算机及其外围设备作为主要的制图工具，应用数字图形处理方法和数据库技术，实现地图信息的获取、转换、传输、识别、存储、处理和显示，最后输出地图图形的过程和方法。与传统的地图制图相比，计算机地图制图的特点主要表现在以下几方面。

（1）资料准备方面：传统的制图资料包括地图资料、控制测量成果、文字和统计资料，而新技术条件下增加的制图资料包括地图数据库和遥感图像等。地图数据库是以数字地图的形式存储各种来源的数据，可长期保留数据，动态更新，充分提高数据的利用率，创造更大的社会效益和经济效益；遥感数据获取速度快、周期短，具有更好的现势性。此外，遥感能周期性、重复地对同一地区进行对地观测，快速发现并动态跟踪空间信息的变化。

（2）制图编辑方面：在地图编辑过程中，计算机软硬件强大的功能及其附属的输入输出设备的高度精确性、稳定性使得诸如地图投影的选择、符号的配置、线划的质量、比例尺的改变、地图的整饰等传统作业方式下比较烦琐的工作都大为简化。计算机可以给设计工作提供一个交互的、所见即所得的工作界面，不但可以提高设计工作的效率，而且可以保证设计方案的质量，避免重复返工现象，缩短成图周期。

（3）地图输出方面：制图数据经过人机交互或计算机自动处理以后在输出设备上输出，形成纸质地图或电子地图成果，可充分满足各行业用户的需求；并且地图数据库中的地图数据经过一定时期的生产积累，在不断扩大采集存储数据量的同时，只需对这些数据进行动态更新，经过较少的处理就可以输出新成果。因此在相关制图区域的地图出版工作中，尤其是已有图的再版或系列地图的出版工作中，优势更加明显，这样可以充分提高数据的利用率，极大地缩短成图周期、降低制图成本。

（4）地图产品的多样化：传统纸质地图具有习惯的视觉读图效果，不需专门硬件设备即可携带使用，但携带大批量的图纸资料，既不方便又不符合地图保密安全的要求。计算机制图使地图的表示形式突破了纸质地图的局限，带来了地图产品的多样化。

数字地图是目前在计算机技术支持下发展起来的一种新型地图，又称屏幕地图或电子地图。数字地图能把图形、图像、声音、动画和文字合成在一起，充分体现了地图绚丽多彩、形式多样化的现代艺术设计手段，具有信息载负量大、传输迅速方便以及可以实现图上长度、角度、面积等信息的自动化测量等特点。它一经问世，就因其独特的动态性、交互性和探索性、多媒体结构等性能而受到青睐。

4.1.2　计算机地图制图基础

（1）计算机图形学。它以解析几何原理为基础，可以将图形通过数字化设备变成坐标数据，运用几何变换方法在显示屏上观察获取图形变换的画面，并将变换后的最终图形通过图形输出设备输出成图纸等产品。计算机图形学为地图图形数据的处理与算法设计奠定了基础。

（2）数据库技术。数据的使用涉及输入、存储、修改、删除、查找、读取等基本操作，利用数据库管理系统（Database Management System，DBMS）软件建立、使用和修改数据库中的数据，可以避免应用时的重复劳动和对公共数据的破坏。数据库和数据库管理系统组成了数据库系统，实现了大量数据的统一管理。地图数据库采用不同的数据结构存储数据，基本分为两大类：矢量结构和栅格结构。

（3）数字图像处理技术。该项技术使得地图的设计与制作，包括图形、符号和注记的编辑、色彩管理、图面整饰、形成成果文件、彩喷校样等工作大大简化。各种图形软件均采用"所见即所得"的方式进行编辑，在屏幕上看到的地图就是最终地图样式，大大提高了成图质量和效率。

（4）多媒体技术。多媒体技术将文本、声音、图像集成在一起，改变了用户被动接受信息的方式，为用户提供多角度、直接、方便的信息获取途径。多媒体地理信息系统将成为数字地图制图发展的主流方向，目前的电子地图产品即为多媒体地理信息系统的雏形。

4.1.3　计算机地图制图的基本过程

计算机地图制图可分为四个阶段。

4.1.3.1　编辑准备阶段

这一阶段与常规制图有相似之处，包括根据编图要求收集、分析评价和整理资料，规定地图投影和比例尺、地图的配准，确定地图内容和表示方法等。

此外，该阶段由于计算机制图本身的特点而有一系列特殊要求，如确定地图资料的数字化方法，进行数字化前的准备工作，包括将地图资料复制在变形小的材料上制成数字化底图，标绘数字化的内容，确定数字化的控制点，设计地图内容的数字编码系统即地图图例的特征码，研究数据处理和图形绘制的程序设计和自动绘图工艺等。

由于计算机自动制图系统的功能和编图资料的差异，编辑准备工作也不尽一致。

4.1.3.2　数字化阶段

将具有模拟性质的图形和具有实际意义的属性转换为便于计算机存储、识别和处理的数据文件形式的过程称为数字化。数字化的方法有手扶跟踪和扫描数字化两种。根据不同的数字化方法，数字化后的数据格式有两种：一种是用跟踪数字化方法采集的矢量格式；另一种是用扫描数字化方法采集的栅格格式。

在对地图内容各要素进行数字化的同时，为便于计算机识别、检索、处理，必须对不同要素的符号加以编码，这种表示地图内容各要素质量、数量特征的编码被称为特征码。在数字化前，必须首先根据地图内容建立不同制图目标的特征编码表。通常地物特征码同地物的平面直角坐标一起存储。

4.1.3.3 数据处理和编辑阶段

数据处理和编辑阶段是指从图形（像）数字化之后到图形输出之前，即将数字文件变成绘图文件的整个加工过程。

此阶段是数字制图的核心工作。数字化信息输入计算机后因制图种类、要求和数据的组织形式、设备特性及使用软件等的不同，需对数据进行以下两方面处理。

（1）数据的预处理。即对数字化后的地图数据进行检查、纠正，统一坐标原点，转换特征码进行比例尺转换、不同资料的归类合并等，使其规格化；数据预处理主要包括地图比例尺变换、数据规范化、数据光滑、数据压缩和数据匹配等。

1）数据规范化。数据规范化包括定义规范、空间数据转换规范和制图要素规范，是国际地图制图协会的重要研究方向之一。

2）数据光滑。数据光滑基本方法是根据给定点列用插值或拟合法建立符合实际要求的连续光滑曲线函数，使给定点满足函数关系，并由函数关系加密点列完成光滑连接的过程。一般采用多项式插值，包括 Lagrange 插值多项式、Newton 插值多项式、分段插值多项式、Hermite 插值多项式、样条插值等方法。

3）数字地图的数据压缩。数字地图的数据压缩分两种，一种是信息量的压缩，另一种是存储空间的压缩。信息量的压缩又称数据简化或数据综合，矢量数据压缩是从数据集中抽出一个子集，在一定的精度范围内，要求这个子集所含的数据量尽可能少，并尽可能近似地反映数据集的原貌，提炼、精简数据，概括综合，剔除冗余数据，减少数据的存储量，节省存储空间，加快后续处理速度。存储空间的压缩是在信息量不变的情况下压缩存储空间。

4）数据匹配。数据匹配包括定点匹配、数字接边、属性数据与几何数据的匹配和拓扑检查，是实现误差纠正的一种方法。

（2）为了实现图形输出而进行的计算机处理。包括地图数学基础的建立、不同地图的投影变换、数据的选取和概括、各种专门符号的绘制等。

1）投影变换。投影变换（Projection Transformation）是从一种地图投影变换成另一种地图投影的理论和方法，是地图投影和地图编绘的一个重要组成部分。其实质是建立两平面场之间及邻域双向连续点的一一对应关系，是将一种地图投影点的坐标变换为另一种地图投影点的坐标的过程。

在常规编图作业中，为将基本制图资料转绘到新编图经纬网中，常用照相、缩放仪、光学投影和网格等转绘法，以达到地图投影变换的目的。基本方法如下：

①解析变换法。即找出两投影间的解析关系式。通常有反解变换法，或称间接变换法；正解变换法，或称直接变换法。

②数值变换法。根据两投影间的若干离散点或称共同点，运用数值逼近理论和方法建

立它们间的函数关系，或直接求出变换点的坐标。

③数值-解析变换法。将上述两类方法相结合实现投影的变换。

2）数据的选取与概括。数据的选取与概括实际就是制图对象质量和数量特征的选取与概括，是以集合的概念取代个体的概念，将局部的和细小的抽象化，选取适当的信息在地图上进行表达，以便更明显地反映制图对象空间分布的主要特征。可以认为，地图数据的选取与概括是制图对象在地图上抽象表现的过程。

3）地图符号化。地图符号化直接影响了人们对地图内容的判读，其不同的表示方法与色彩搭配使人们对地图的视觉变量和图形视觉产生不同的感受效果与心理效应。

4.1.3.4　地图整饰与图形输出阶段

地图整饰的内容包括版面纸张的设置，制图范围的定义，制图比例尺的确定，图幅上的图名、图例、插图、注记、坐标格网等辅助元素的添加，等等。图形的输出方式，根据数据的不同来源、格式，不同的图形特点和使用要求，可以在显示器的屏幕上显示，可以存储在磁盘上，也可以采用矢量或者栅格绘图机、打印机以纸质形式输出。

4.2　计算机制图软件简介

目前，国内外已开发研制的地图制图软件不下数十种，这些软件各具特色、各有千秋。根据对地图生产和出版单位所使用的软件的调研情况，编者从中选出 ArcGIS、MapInfo、CorelDRAW、SuperMap 四种较为流行的地图制图软件作为示例软件实施计算机地图制图。为了使读者较为快捷地使用这些软件进行制图，在本节分别对其功能和特色进行了较为系统的介绍。

4.2.1　ArcGIS 软件简介

ArcGIS 是美国环境系统研究所（Environment System Research Institute，ESRI）开发的新一代软件，是世界上应用最广泛的 GIS 软件之一。作为一个全面的、完善的、可伸缩的 GIS 平台，ArcGIS 无论是在桌面端、服务器端，都可以为用户构建地理信息系统，提供 GIS 服务。

4.2.1.1　ArcGIS 的结构体系

ArcGIS 10 是一个统一的地理信息系统平台，其结构体系如图 4-1 所示，其应用程序由 4 个重要部分组成：桌面 GIS 软件、服务器 GIS 软件、嵌入式 GIS 软件和移动 GIS 软件。

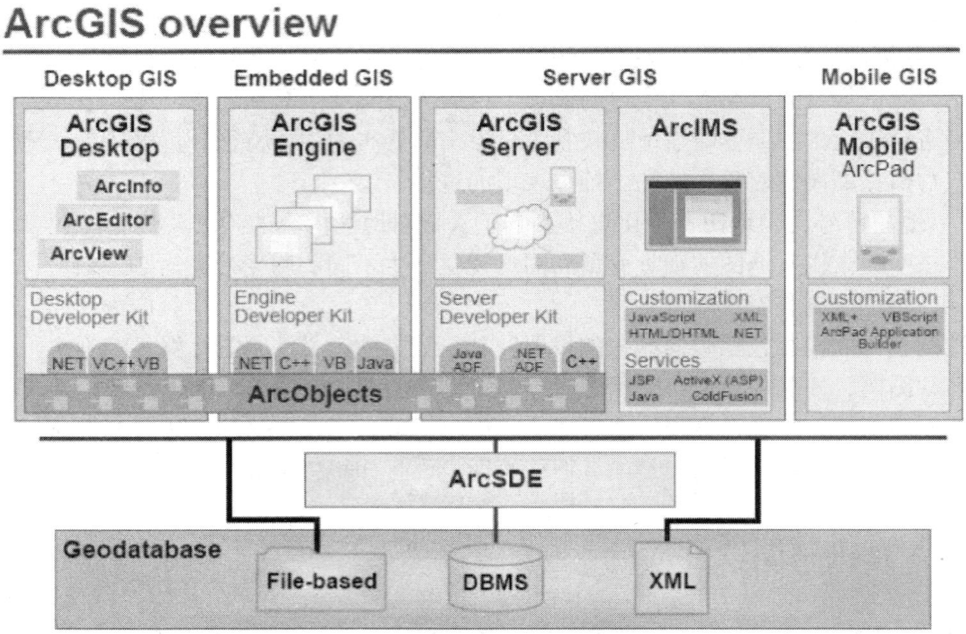

图 4-1　ArcGIS 结构体系

（1）桌面 GIS 软件。

1）ArcGIS Desktop 软件。桌面 GIS 软件 ArcGIS Desktop 是一个集成了众多高级 GIS 应用的软件套件，包含了一套带有用户界面组件的 Windows 桌面应用。ArcGIS Desktop 有三种功能级别：ArcView、ArcEditor 和 ArcInfo。三级软件共用通用的结构、通用的扩展模块和统一的开发环境。从 ArcView 到 ArcEditor 再到 ArcInfo，功能由简单到强大。三级桌面 GIS 软件都由一组相同的应用环境构成——ArcMap、ArcCatalog、ArcScene、ArcGlobe、ArcToolbox 等，通过这几种应用环境的协调工作，可以完成所有从简单到复杂的 GIS 分析与处理操作。

ArcView 10：ArcView 10 是 ArcGIS 10 Desktop 的低端产品，提供了完整的制图工具和分析工具，以及简单的编辑和地图处理工具，还提供了与传统的数据分析工具的链接，如电子数据表和商业图表，与地图构成了一个完整的分析系统。ArcView 10 的数据编辑功能是比较有限的，只允许创建和编辑 Shapefile 及个人空间数据库中的简单要素，更多的功能需要由 ArcEditor 10 或 ArcInfo 10 来完成。

ArcEditor 10：ArcEditor 10 是 ArcGIS 10 Desktop 的中端产品，是一款基于 Windows 桌面的 GIS 数据可视化、查询、制图、数据管理和编辑的软件。ArcEditor 10 除了具有 ArcView 10 的所有功能外，还包含全面的 GIS 编辑工具，它具有一套既可进行简单的数据输入和清理也可进行复杂的设计和版本管理功能的扩展工具集。

ArcInfo 10：ArcInfo 10 是 ArcGIS 10 Desktop 的高端产品，囊括了 ArcView 和 ArcEditor 的全部功能并且增加了高级的地理处理和数据转换工具。它能够构建用于发现关系、分析数据和整合数据的强大地理处理模型；执行矢量叠加、邻近分析及统计分析功能；进行多种数据格式间的转换；构建复杂数据和分析模型及脚本，实现 GIS 自动处理等，是一个完整的 GIS 数据建立、更新、编辑、查询、管理、制图与分析等的地理信息系统。

除了 ArcView、ArcEditor 和 ArcInfo 三级桌面 GIS 软件之外，桌面软件 Desktop 还有若干可选的扩展模块（Extension Products），用于为核心产品提供扩展功能。扩展模块的类别包括分析、数据集成和编辑、发布以及制图，见表 4-1。

表 4-1　ArcGIS 扩展模块概述

功能	扩展模块	功能
分析	ArcGIS 3D Analyst	三维可视化和分析。其中包括 ArcGlobe 和 ArcScene 应用程序。此外，还包括 terrain 数据管理和地理处理工具。 3D Analyst 将 ArcGIS 扩展为功能全面的 3D GIS 系统。它允许用户查看、管理、分析和共享 3D GIS 数据
	ArcGIS Spatial Analyst	种类丰富且功能强大的栅格建模和分析功能。使用这些功能，可以创建、查询、绘制和分析基于像元的栅格数据。ArcGIS Spatial Analyst 还可用于集成的栅格-矢量分析，并且在 ArcGIS 地理处理框架添加了超过 170 种工具
	ArcGIS Geostatistical Analyst	高级的统计工具。可用于生成表面以及分析和绘制连续的数据集。通过探索性空间数据分析工具，可以深入了解数据分布、全局异常值和局部异常值、全局趋势、空间自相关级别，以及多个数据集之间的差异
	ArcGIS Network Analyst	提供对高级路径和网络分析支持。包括最短路径、最佳路径、位置分配分析等
	ArcGIS Schematics	根据地理数据库中的网络数据或者任何具有显示连通性的显式属性的数据来生成、显示和操作逻辑示意图
	ArcGIS Tracking Analyst	用于绘制随时间变化而切换或更改状态的对象，通过 Tracking Analyst 可将时间数据以追踪图层的形式添加到地图中，使地图更加生动形象；实时追踪对象；使用时间窗及其他专用于查看随时间变化的数据的选项，对时间数据进行符号化；通过创建数据时钟分析时间数据中存在的模式
数据集成和编辑	ArcGIS Data Interoperability	直接读取和使用 100 多种常见的 GIS 矢量数据格式，包括很多演化的 GML 规范。此外，可使用多种格式传送 GIS 数据。在 ArcGIS 10 中，ArcGIS Data Interoperability 扩展模块是一个位于 ArcGIS Desktop 介质上的独立安装程序
	ArcScan for ArcGIS	对扫描的文档执行栅格至矢量的转换任务，包括栅格编辑、栅格捕捉、栅格手动追踪和批量矢量化
数据发布	ArcGIS Publisher	发布 ArcGIS Desktop 创作的数据和地图
制图	Maplex for ArcGIS	向 ArcMap 添加高级标注放置和冲突检测，生成与地图文档一起保存的文本以及以注记图层形式保存在地理数据库中的文本。使用 ArcGIS 的 Maplex 扩展模块可节省大量的生产时间

2）Desktop 应用环境。ArcGIS Desktop 通过 ArcMap、ArcCatalog、ArcGlobe、ArcScene、ArcToolbox 和 ModelBuilder 等应用程序的协调使用，提供用户与 GIS 地图、数据和工具进行交互的基本方法和界面。ArcMap 提供三维数据的显示、查询和分析；ArcCatalog 提供空间和非空间的数据管理、生成和组织与基本的数据转换；ArcGlobe 和 ArcScene 提供三维数据的显示、查询等高级空间分析功能；ArcToolbox 和 ModelBuilder 提供空间数据处理工具集以及可视化的建模工具。

① ArcMap：ArcMap 将地理信息表示为地图中的图层和其他元素的集合，是 ArcGIS 中一个主要的应用程序，可用于执行各种常见的 GIS 任务以及专门性的用户特定的任务。下面列出了可以执行的一些常用工作：

- 处理地图。可以打开和使用 ArcMap 文档来浏览信息、浏览地图文档、打开或关闭图层、查询要素以访问地图背后大量的属性数据，以及可视化地理信息。
- 打印和输出地图。可以使用 ArcMap 创建适合高质量打印的地图，并将地图导出为多种符合行业标准的文件格式。
- 编辑 GIS 数据集。ArcMap 提供了可扩展的用于自动处理地理数据集的编辑功能。用户可以选择地图文档中的图层进行编辑，而新增要素和更新的要素将保存在图层的数据集中。
- 使用地理处理模型自动执行任务。GIS 具有可视性和分析性，ArcMap 具有执行任意地理处理模型或脚本的功能，还可以通过地图可视化来查看及处理结果。
- 组织和管理地理数据库和 ArcGIS 文档。ArcMap 具有目录窗口，可用于组织所有 GIS 数据集和地理数据库、地图文档和其他 ArcGIS 文件、地理处理工具及其他 GIS 信息集。
- 与其他用户共享 GIS 地图和数据。ArcMap 中可以共享的数据包括地图、图层、地理处理模型和地理数据库。
- 自定义用户体验。ArcMap 具有若干用于自定义的工具，可以编写软件加载项以添加新功能、简化用户界面以及使用地理处理实现任务自动化。

ArcMap 中共有两种主要的地图视图：数据视图（Data View）和版面视图（Layout View）。每种视图都可用于查看地图并以特定方式与地图进行交互。

在数据视图（图 4-2）中，活动的数据框将作为地理窗口，可在其中显示和处理地图图层。在数据框内，用户可以通过地理坐标处理通过地图图层呈现的 GIS 信息。数据视图会隐藏版面中的所有地图元素（如标题、指北针和比例尺），重点关注数据框中的数据，进行编辑或分析等，如图 4-3 所示。

版面视图也称为布局视图，主要用于设计和创作地图，以便进行打印、导出或发布，如图 4-4 所示。用户可以在页面空间内管理、添加地图元素以及在导出或打印地图之前对其进行预览。常见的地图元素包括带有地图图层的数据框、比例尺、指北针、符号图例、地图标题、文本和其他图形元素。图 4-5 是在版面视图中设计和生成的地图。

②ArcCatalog：ArcCatalog 提供了所有可用数据文件、数据库和 ArcGIS 文档的完整且统一的视图。ArcCatalog 可用于组织、使用及管理位于工作空间和地理数据库中的地理数据，如地理数据库（图 4-6）、地图文档和图层文件（图 4-7）、ArcGIS Server 发布的 GIS 服务（图 4-8）、元数据（图 4-9）以及地理处理工具箱、模型和 Python 脚本等。

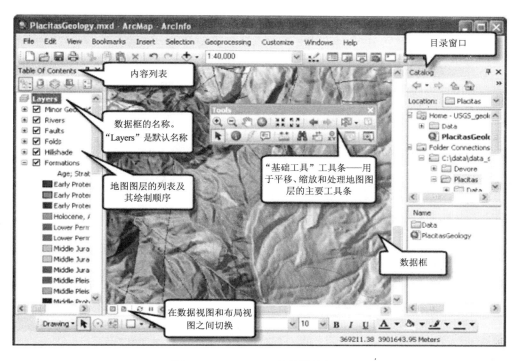

图 4-2　ArcGIS10 中的数据视图

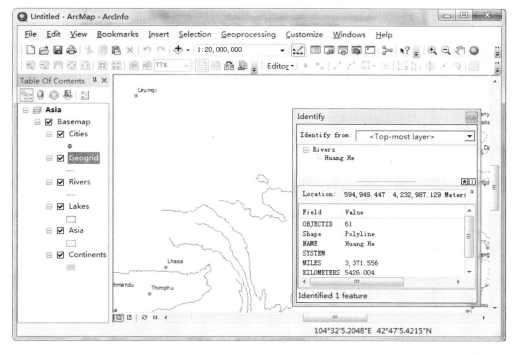

图 4-3　ArcGIS 10 中组织和编辑数据

图 4-4 ArcGIS10 中的版面视图

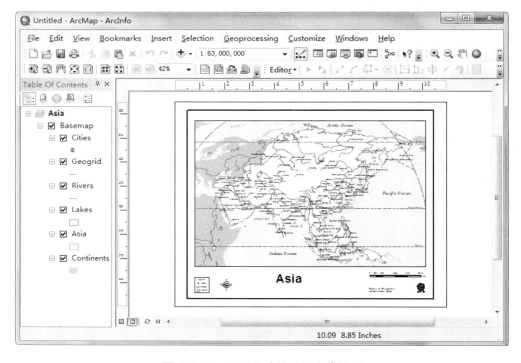

图 4-5 ArcGIS10 中设计和生成地图

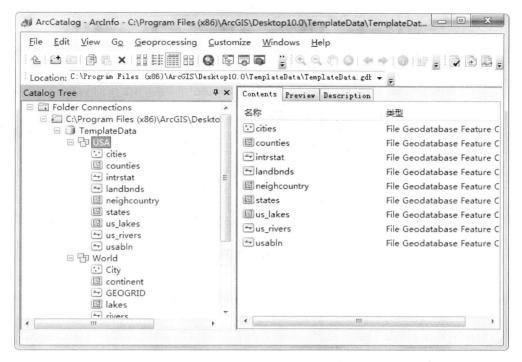

图 4-6　ArcCatalog 10 中的数据管理

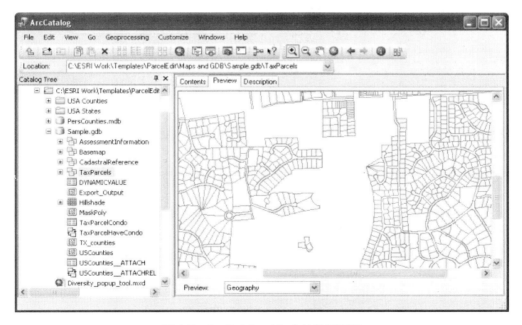

图 4-7　ArcCatalog 10 中的数据预览

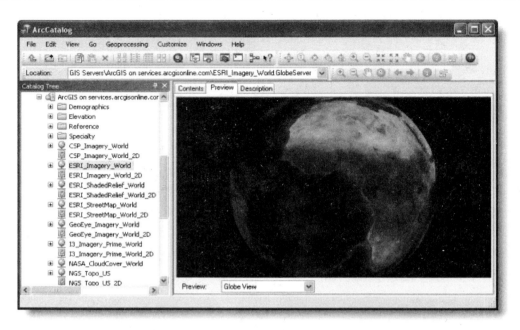

图 4-8　ArcCatalog 10 预览 ArcGIS Server 的三维场景

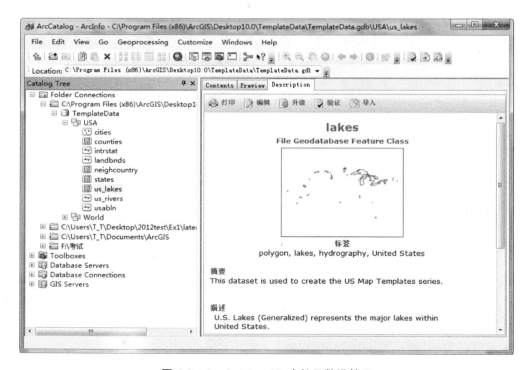

图 4-9　ArcCatalog 10 中的元数据管理

③ArcToolbox 和 ModelBuilder：ArcToolbox 用于对空间数据执行一些基本操作，例如：提取和叠加数据、更改地图投影、向表中添加列、计算属性值、面叠加和最优路径，等等。许多 GIS 分析中都使用 ArcToolbox 进行批处理。用户还可通过 ModelBuilder（可视化编程语言）或脚本（文本编程语言）创建自己的工具。

ArcToolbox 内嵌在 ArcMap 和 ArcCatalog 等应用程序中，在 ArcView、ArcEditor 和 ArcInfo 中都可以使用。每一个产品层次包含的空间处理工具是不同的。ArcView 具有核心的简单数据的加载、转换，以及基础的分析工具。ArcEditor 增加了少量的 Geodatabase 的创建和加载的工具，ArcInfo 提供了进行矢量分析、数据转换、数据加载和对 Coverages 的最完整的空间处理工具集。

ModelBuilder 是一个用来创建、编辑和管理模型的应用程序。模型是将一系列地理处理工具串联在一起的工作流，它将其中一个工具的输出作为另一个工具的输入。ModelBuilder 除了能构造和执行简单工作流外，还能通过创建模型并将其共享为工具来为 ArcGIS 提供扩展功能。结合使用 ModelBuilder 和脚本甚至还可用于将 ArcGIS 与其他应用程序进行集成。因此，也可以将 ModelBuilder 看成是用于构建工作流的可视化编程语言。图 4-10 展示了利用 ModelBuilder 创建模型进行空间分析的实例。

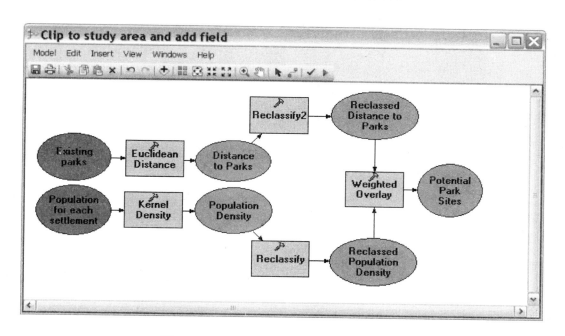

图 4-10 利用 ModelBuilder 解决公园选址问题

④ArcGlobe 和 ArcScene：ArcGIS 提供两个 3D 可视化环境（ArcGlobe 和 ArcScene），对 3D 空间中的数据进行显示、分析和创建动画。

ArcGlobe 是 ArcGIS 9.0 之后出现的新产品，是 ArcGIS 3D Analyst 扩展模块的组成部分，其可视化界面如图 4-11 所示。ArcGlobe 基于全球视野，通常专用于超大型数据集，它能处理数据的多分辨率显示，并允许对栅格和要素数据进行无缝可视化。ArcGlobe 将所有数据投影到全球立方投影（World Cube Projection）下，并对数据进行分级分块显示。

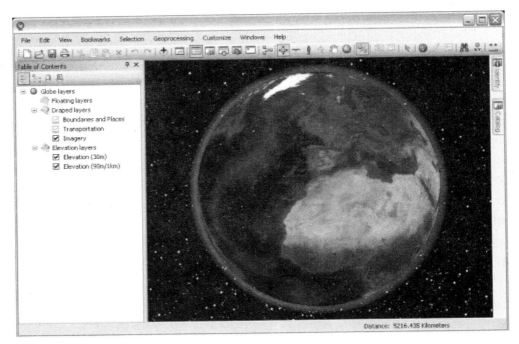

图 4-11　ArcGlobe 3D 可视化界面

ArcGlobe 具有地理信息的动态三维视图, 在内容列表中将地理数据图层分为以下三种类型:

- Elevation layers（高程图层）: 用来定义 Globe 的表面, 如研究区的 DEM 数据层。
- Draped layers（叠加图层）: 贴于 Globe 表面的图层, 如卫星影像图层等。
- Floating layers（漂浮图层）: 位于 Globe 图层之上或者之下的图层, 如注记、地下水水位分布图层等。

ArcGlobe 能够创建复杂的动态三维效果, 从远景、Scene 属性、地理运动和时间变化来观察三维对象变化, 还能够自动记录和播放演示效果过程。ArcGlobe 中可以选择是否将矢量数据栅格化后显示, 该功能对注记数据的显示也有很大帮助。用户可以选择将注记（Annotation）附着显示于地球表面或像广告牌一样面向当前用户。

ArcScene 是一个适合于展示三维透视场景的平台, 可以在三维场景中漫游并与三维矢量与栅格数据进行交互, 如图 4-12 所示。用户通过提供要素几何中的高度信息、要素属性、图层属性或已定义的 3D 表面, 能够以 3D 形式放置要素。而且, 可以采用不同方式对 3D 视图中的各图层进行处理。

区别于 ArcGlobe 的全球立方投影, ArcScene 将所有数据投影到当前场景所定义的空间参考中, 适合小范围内精细场景刻画。ArcScene 是基于 OpenGL 的, 支持 TIN 数据显示。显示场景时, ArcScene 会将矢量数据以矢量形式显示, 栅格数据默认会降低分辨率来显示, 以提高效率。

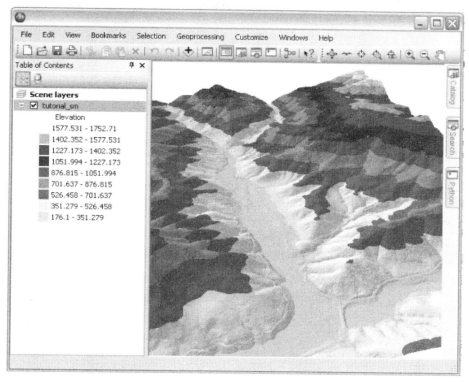

图 4-12　ArcScene 3D 可视化界面

（2）服务器 GIS 软件。

服务器 GIS 软件用于在互联网用户之间发布和共享地理信息。除了为客户端提供地图和数据，服务器 GIS 软件还可以在共享的中心服务器上提供 GIS 工作站的所有功能，包括制图、空间分析、复杂空间查询、高级数据编辑、分布式数据管理、批量空间处理、空间几何完整性规则的实施等。服务器 GIS 软件包括 ArcGIS Server、ArcIMS、ArcSDE 等。

1）ArcGIS Server：ArcGIS Server 是基于服务器的综合性 GIS 产品，它采用集中式的管理，支持多用户使用，提供了丰富的 GIS 功能，如地图、地址定位器和用于集中式服务器应用中的软件对象，提供了高级 Web GIS 服务和应用程序以及功能强大的企业地理数据管理功能，可用于多种数据库管理系统（DBMS），包括 Oracle、SQL Server 和 SQL Server Express、DB2、Informix、PostgreSQL 等。ArcGIS Server 可用于构建工作组、部门和企业级 GIS 应用程序以及 Web GIS 部署，包含基于标准的开放式 Web 服务接口，用于访问、使用 ArcGIS 服务以及开发客户化应用，满足特定需要。

ArcGIS Desktop 用户可创建地图和丰富的地理信息元素，如分析模型和工具、地理数据库、地址和地名定位器、3D Globe 以及图层包。这些元素中的每一个不仅会封装地理数据，还会封装数据的查看和使用方法。使用 ArcGIS Server 可将这些 GIS 信息元素发布为开放式 Web 服务，开放对这些 GIS 信息集合的访问。图 4-13 是利用 ArcGIS Server 将地图文档发布为地图服务的示意图。

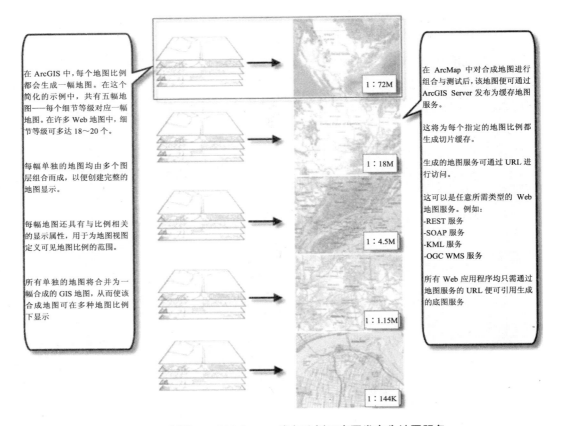

在 ArcGIS 中，每个地图比例都会生成一幅地图。在这个简化的示例中，共有五幅地图——每个细节等级对应一幅地图。在许多 Web 地图中，细节等级可多达 18~20 个。

每幅单独的地图均由多个图层组合而成，以便创建完整的地图显示。

每幅地图还具有与比例相关的显示属性，用于为地图视图定义可见地图比例的范围。

所有单独的地图将合并为一幅合成的 GIS 地图，从而使该合成地图可在多种地图比例下显示

1：72M

1：18M

1：4.5M

1：1.15M

1：144K

在 ArcMap 中对合成地图进行组合与测试后，该地图便可通过 ArcGIS Server 发布为缓存地图服务。

这将为每个指定的地图比例都生成切片缓存。

生成的地图服务可通过 URL 进行访问。

这可以是任意所需类型的 Web 地图服务。例如：
-REST 服务
-SOAP 服务
-KML 服务
-OGC WMS 服务

所有 Web 应用程序均只需通过地图服务的 URL 便可引用生成的底图服务

图 4-13　利用 ArcGIS Server 将多比例尺底图发布为地图服务

2）ArcIMS：ArcIMS 是一个通过中心网络门户发布 GIS 地图、数据和元数据的解决方案，是一个基于互联网的地理信息系统，借助 ArcIMS 可以建立大范围的 GIS 地图、数据和应用，并将这些结果提供给组织内部或互联网上的广大用户。

ArcIMS 运行在一个分布式的环境中，由客户端和服务器端两方面的技术组成，并扩展了普通站点，使其能够提供 GIS 数据和应用服务。ArcIMS 还包括免费的 HTML 和 Java 浏览器，可以通过在互联网上发布 GIS 数据和服务，同时满足多个用户的 GIS 请求。此外，ArcIMS 也支持其他客户端，如 ArcGIS Desktop、ArcPAD 和其他无线设备。

3）ArcSDE（Spatial Data Engine）：ArcSDE 是在关系数据库管理系统（RDBMS）中存储和管理地理信息的高级空间数据服务器，是一个连接 ArcGIS 其他软件产品和关系数据库的数据服务器。从空间数据管理的角度看，ArcSDE 是一个连续的空间数据模型，借助这一空间数据模型，可以实现用 RDBMS 管理空间数据库。在 RDBMS 中融入空间数据后，ArcSDE 可以提供对空间和非空间数据进行高效率操作的数据库服务。ArcSDE 采用的是客户端/服务器（Client/Server，C/S）体系结构，大量用户可同时并发地对同一数据进行操作。ArcSDE 还提供了应用程序接口（Application Programming Interface，API），开发人员可将空间数据检索和分析功能集成到自己的应用程序中去。

（3）嵌入式 GIS 软件。

ArcGIS Engine 是一个嵌入式 GIS 组件和开发者资源的集合，用于扩展 ArcGIS 的功

能或构建用户自己的应用程序。ArcGIS Engine 是用户提供定制界面和有针对性的 GIS 功能的基础。

　　ArcGIS Engine 提供了一套应用于 ArcGIS Desktop 应用框架之外（制图对象作为 ArcGIS Engine 的一部分，而不是 ArcMap 的一部分）的嵌入式 ArcGIS 组件。使用 ArcGIS Engine，开发者在 C++、COM、.NET 和 Java 环境中使用简单的接口即可获取任意 GIS 功能的组合，构建专门的 GIS 应用解决方案。

　　（4）移动 GIS 软件。

　　ArcGIS Mobile 将 ArcGIS 的应用范围扩展到野外，它将 GIS 内核与智能移动终端系统（包括 Tablet PC、车载系统、Windows 智能手机以及 Apple iPhone 等，如图 4-14 所示）有机结合，提供二三维一体化的专业移动 GIS 功能，在移动终端提供了涵盖地图操作、数据采集、绘制编辑、路径导航等专业移动 GIS 应用功能，可以为终端应用的构建提供多源地图组合和专题数据浏览，实现空间信息的查询与分析，进行基于终端数据采集的数据编辑与管理。

　　ArcGIS Mobile 包含有 SDK，开发人员可借助它来使用针对业务的任务和工作流，扩展 ArcGIS Mobile 野外应用程序。开发人员也可使用 ArcGIS Mobile SDK 将 ArcGIS 技术嵌入到现有的一系列移动应用程序中。

图 4-14　移动 GIS 设备

4.2.1.2　ArcGIS 软件特点

　　ArcGIS 具有强大的制图和图形编辑功能。其中，ArcMap 是 ArcGIS Desktop 中一个主要的应用程序，它既是一个面向对象的编辑器，又是一个完整的数据表生成器，一个可扩展的、开放式的应用软件框架。ArcMap 内置有图形编辑功能极强的编辑器，用于对 ArcGIS 支持的各种空间数据进行编辑处理。ArcMap 在提供给制图人员生产高质量印刷地图时所需的表达和布局工具的同时，还提供了一个功能强大、直观、人性化、艺术化的地图编辑环境。

ArcGIS 软件除支持各种数据的输入、输出、编辑，专题图制作，地图分层叠加显示、多种方式查询统计等 GIS 软件均可以完成的基本功能外，还提供了大量专业 GIS 分析功能，例如：动态分段技术、缓冲区分析（Buffer）、叠加分析（Overlay）、网络追溯分析、网络分析等。同时，ArcGIS 还提供了适合于各种应用的扩展模块，如栅格分析模块、3D 分析模块等。

ArcGIS 用一个高级的、通用的地理数据模型来表示信息，包括空间要素、遥感数据以及其他的空间数据类型，ArcGIS 同时支持基于文件的空间数据类型和基于数据库的空间数据类型。基于文件的空间数据类型包括对多种 GIS 数据格式的支持，如 Coverages、Shapefiles、Grids、Images 和 TINs。为了更好地利用关系数据库已有的优点，ArcGIS 使用了 Geodatabase 数据模型在数据库中管理同样的空间数据类型。

在这个模型中，地理数据的几何和拓扑关系放在二进制文件中，而其属性则存储在数据库中。它特别关注要素的几何特征，把现实世界描述成一系列点、线、面空间要素，以及以点、线、面为基础的区域、路径、事件等高级空间要素。这种数据模型具有灵活、高效、可扩展的特性，使得 ArcGIS 实现了非常强大的空间分析功能。

4.2.2　MapInfo 软件简介

4.2.2.1　MapInfo 基本功能

MapInfo 是美国 MapInfo 公司的桌面地理信息系统软件，是一种数据可视化、信息地图化的桌面解决方案。MapInfo 的含义是"Mapping + Information"（地图+信息），即地图对象+属性数据。MapInfo 软件作为专业的桌面式地图软件，与同类地图软件相比具有强大的地图解决方案，并通过功能工具和 MapBasic 语言辅助操作，快速获得清晰、准确、有效的地图文件。它依据地图及其应用的概念，采用办公自动化的操作，集成多种数据库数据，融合计算机地图方法，使用地理数据库技术，加入了地理信息系统分析功能，形成了极具实用价值的、可以为各行各业所用的大众化小型软件系统。

（1）地图输入与编辑功能。MapInfo Professional 软件是一套强大的基于 Windows 平台的地图化解决方案，其主要的功能就是进行地图输入和编辑操作，可通过以下多种方式进行地图数据采集和输入，并对其进行编辑和修改。

1）数字化仪输入地图。可通过数字化仪输入地图，如利用美国 DTC 公司的 VTI 接口软件，MapInfo 可与流行的 Summagraghics，Calcomp 等 200 多种数字化仪连接。

2）改变格式输入地图。通过其他绘图工具绘制地图，MapInfo 9.5 支持标准的 DXF 格式输入，可将 AutoCAD、CorelDRAW 等格式输入地图，再输出成 DXF 文件，最后 MapInfo 读入 DXF 文件。

3）使用光栅图像输入地图。可将光栅图像（Raster Image）输入地图，支持 BMP、GIF、JPEG、PCX、SPOT、TGA、TIFF 等格式。输入后，可用 MapInfo 的作图工具在其上作图和编辑，然后存成单独的矢量地图层，也可把光栅图像作为底图，以增强图面效果。

4）绘制并编辑地图。作图工具和命令包括直线、折线、圆/椭圆等工具，并可根据需要执行改变状态、增加节点、各种数据的增删改等编辑命令。

（2）数据组织和表达方式功能。传统的地图是综合性的，其上密密麻麻地布满各种信息，不利于信息的分类和查找。MapInfo 采用分层，使复杂的地图变成了简单易处理的多层次的地图层。例如，城市的地图可设置行政区划、河流、公路、建筑物、标注说明等层，给地图的输入、编辑带来很大的方便。

MapInfo 含内置数据库，数据在 MapInfo 中有 3 种表达方式：一种是地图表达方式（Mapper）；一种是数据表浏览方式（Browser）；一种是直观图表达方式（Grapher），使数据更加直观地表现。

（3）地图数据的分析和表达功能。MapInfo 提供多种数据可视化的专题地图，能将数据库中的信息进行直观的可视化分析。使用专题渲染在地图上显示数据时，可以清楚地看出在数据记录中难以发现的模式或趋势，为用户的决策提供依据。专题地图包括范围值、点密度、柱状图、等级符号、饼图和独立值 6 种形式。另外，MapInfo 可以方便地将数据和地理信息的关系直观地展现，其复杂而详细的数据分析能力可帮助用户从地理的角度更好地理解各种信息；可以增强报表和数据表现能力，找出以前无法看到的模式和趋势，创建高质量的地图以便做出高效的决策。

（4）空间查询和分析功能。MapInfo 可根据图形查询相应的属性，或根据属性查找满足该属性的图形。对带有索引数据项的地图可进行 FIND 查找，所提供的 SQL 选择功能使数据查询方便快速，SQL 选择可支持多数据联合操作，可使用复杂的表达式，形成新的结果表，其查询结果也可在图上表现出来。

MapInfo 的实体间没有拓扑关系，其对象往往比较简单，故没有复杂的空间分析，主要具有包含、落入、缓冲区、地理编码等分析功能。

（5）数据输出功能。MapInfo 使用户能直接得到含有大量直观信息的地图，而非简单的表格和计算，各种分析查询结果也是以地图方式输出，并提供了 Layout Window（布局窗口）功能。可把地图、表格、直观图和文字说明结合起来一同输出，使输出的信息更加丰富、清楚。Windows 支持的外部设备 MapInfo 都支持，其输出设备的多样性为其增色，可在十分便宜的输出设备上得到高质量的矢量地图。

（6）二次程序开发功能。作为一个系统软件，MapInfo 提供了可以将其所有的功能用程序来驱动的方法，内置标准的二次开发工具——MapBasic。MapBasic 不仅与大众化的 Basic 语法相一致，具有基本一致的常用函数集（计算、字符串处理、文件 I/O、DLL 调用等），而且利用 MapBasic 语言所提供的函数、过程和语句命令可以完成许多有关图形对象管理的复杂操作和运算。它的真正优势在于对 MapInfo 中的 Table 及其图形对象的管理提供的特性和强大功能。用 MapBasic 可建立全用户化的界面，自动执行复杂程序，与其他系统组成大系统。

（7）强大数据库工具。通过 MapInfo Professional 可连接本地及服务器端的数据库，创建地图和图表以揭示数据行列背后的真正含义，也可以定制 MapInfo Professional 以满足用户的特定需要。支持 Oracle 8i 完全读/写，通过 OCI 对 Oracle 8i 及通过 ODBC 对其他数据源的实时访问。

4.2.2.2　MapInfo 软件特点

MapInfo 产品定位在桌面地图信息系统上。该系统简单易学、功能强大、二次开发能力强且可以与普通的关系数据库连接。它内置关系数据库，实现了电子地图与数据库的自动连接和双向查询；它能够支持多种硬件操作平台，能够适应配置较低的工作环境。

MapInfo 能将所需要的信息资料形象、直观地与地理图形紧密地联结起来，能提供大量常用的分析、查询功能，能将结果以图形或表格的方式显示出来。MapInfo 软件提供了一些常用数据库的接口，可以直接或间接地与这些数据库进行数据交换。MapInfo 软件提供的开发工具 MapBasic，可完成用户在图形、界面、查询、分析等方面的各种要求，以形成全用户化的应用集成。配接多媒体系统可使用户对地图进行多媒体查询。MapInfo 软件适用于军队管理与指挥、市场营销、城市规划、市政管理、公安交通、邮电通信、石油地质、土地资源、人口管理、金融保险等各个应用领域，能对用户的管理、决策提供有力的支持与帮助。

MapInfo 具有强大的图形表达、处理功能。MapInfo 利用点、线、区域等多种图形元素，及丰富的地图符号、文本类型、线型、填充模式和颜色等表现类型，可详尽、直观、形象地完成电子地图数据的显示。同时 MapInfo 对于位图文件（如 GIF、TIF、PCX、BMP、TGA等多种格式的位图文件）和卫片、航片、照片等栅格图像，也可以进行屏幕显示，根据实际需要还可以对其进行矢量化。此外，DXF 格式（AutoCAD 和其他 CAD 软件包的图形/数据交换格式）的数据文件，也可以直接运用于 MapInfo 当中。在图形处理方面，它提供了功能强大的编图工具箱，用户可以对各种图形元素任意进行增加、删除、修改等基本编辑操作。MapInfo 处理的电子地图与一般地图不同。一般的地图，各类要素、信息集中在一起，不利于不同用户对不同的地理信息的查询使用。MapInfo 对地图采取分层处理，用户可以通过图形分层技术，根据自己的不同需求或一定的标准对各种图形元素进行分层组合，将一张地图分成不同图层。如对于某个城市图，可分为区划、道路、河流、建筑物、标注等若干层。对于每一个图层又可以针对其信息数据的不同内容要求，运用不同的数据格式和不同的数据库类型（如 dBase、FoxBase、Lotus1-2-3、Oracle、Sybase 等）。而在用户对图形或数据库进行显示、编辑、查询等操作时，又可以对任意图层实现自动标注。对标注的大小、字体、位置、内容、颜色还可随时根据需要进行修改。为提高制图效率，MapInfo 设有装饰层，用户可将所画的图形在装饰层里编辑，认可后再存入相应层。利用 MapInfo 提供的视图工具（Zoom tool），用户可对矢量图形和光栅图像进行任意比例的无级缩放，既可纵览全局，又可细观局部。为了满足某些用户对于地理坐标系统的特殊需求，MapInfo 不仅有几百种地理投影模式可供选择，用户还可以通过编辑投影参数，定义自己的地图投影模式。

MapInfo 具有动态连接的关系型数据库的功能。MapInfo 可以直接读取 dBase、FoxBase、Clipper、Lotus1-2-3、Microsoft Excel 及 ASCII 文件。在客户\服务器（Client\Server）的网络环境中，通过 SQL DATALINK 数据连接软件包提供的 QELIB、ODBC 接口，可以同远程服务器连接，直接读取 Sybase、Oracle、INGRES、DB/2 DataBase Manager、SQLBase、Netware SQL、XDB 等十几种大型数据库中的数据信息。MapInfo 还可以将数据文件及图形目标的图形属性转换成 mif、mid 格式的 ASCII 码文件，供其他用户使用。MapInfo 可以运用地理编码（GeoCode）的功能，根据各数据点的地理坐标或空间地址（如省市、街区、楼层、房间等），将数据库的数据与其在地图上相对应的图形元素一一对应。通过完成数据库与图形的有机结合，实现在图形的基础上对数据库进行操作。MapInfo 引进了靶区（Target）的概念。通过设定靶区，不仅可以实现各图形对象之间的数据项的合并和分离，而且可以完成对靶区局部图形对象及数据库内容的清除（Erase）和叠加（Overlay）处理。MapInfo 自备内置关系数据库，用户可以自由定义。

MapInfo 软件最大的优势就在于可提供便于操作的工作空间，并通过有效管理图层方便查看和修改地图信息，以及使用各种操作环境有效管理和编辑地图。

（1）工作空间的使用。使用相同的表时，如果每次都要单独打开每张表，将浪费大量的设计和查看时间。而使用工作空间特性可使该过程自动进行，能尽快回到创建地图和分析数据的事务中。

（2）有效的图层分层组织。为看到不同表中数据间的关系，需把它们放在同一张地图上，并生成新的数据地图层，MapInfo 允许在同一张地图上叠加数百个层面，它们可取自不同格式的文件。通过图层控制工具可控制每个层面是否可见，是否可编辑及是否可选择等。

（3）丰富的空间查询。由于在 MapInfo 各个图层中赋予大量地图信息，因此用户可快速进行地图各方面空间查询，并可创建专题制图，更清晰、准确地表现地图信息。

（4）地理编码。将数据记录在地图上显示之前，需将地理坐标赋给每个记录，以使MapInfo 知道在地图的何处可找到某个记录。

MapInfo 采用"空间实体+空间索引"的拓扑关系模型，这种拓扑结构的基础是"空间实体"，在一个实体对象内部，存储了其全部节点的坐标信息和构成关系（点集、部分的排列顺序和特性），也就完成了对其自身的拓扑模型的建立。MapInfo 的空间查询功能是通过"空间索引"技术来实现的。将各种空间实体的最小外接矩形存储在索引中，并按从大到小的顺序进行空间索引搜索，就能根据给定的坐标，快速定位到某一空间对象。该技术实现了一种动态的、隐式的拓扑关系机制，只有在需要时，系统才根据空间索引建立并使用实体间的拓扑关系，但不具备表达拓扑关系的数据结构。

由于该模型的这些特点，在空间数据采集和编辑的过程中，对相邻区域的公共边界需要进行重复编辑，从而在公共边界会产生一些冗余多边形，给后期处理造成不便；对于假节点、冗余节点、悬线、重复线等情况的检查不够方便；在空间分析过程中，对于图层间的逻辑关系，如相交、邻接、包含等的判断不够高效，在一定程度上限制了 MapInfo 的空间分析能力。

4.2.2.3　MapInfo 数据组织

MapInfo 中的地理信息是以表（Table）的形式组织起来的，它使用两种表来建立、存储、查询和显示属性数据。一种是数据表，可分为包含图形（地图）对象的数据表和不包含图形对象的数据表，如电子表格或外部数据表；另一种表是栅格表，它是一种只能在地图窗口中显示的图像，没有数据表的记录、字段和索引等表结构。通常在 MapInfo 中，创建一个表将会产生以下 5 个文件：

（1）属性数据的表结构文件（*.TAB）：定义了地图属性数据的表结构，包括字段数、字段名称、字段类型和字段宽度、索引字段及相应图层的一些关键空间信息描述。*.TAB 文件实际上是一个文本文件，可以在写字板中打开观察其内容。

（2）属性数据文件（*.DAT）：存放完整的地图属性数据。在文件头之后，为表结构描述，其后首尾相接地紧跟着各条具体的属性数据记录。

（3）交叉索引文件（*.ID）：记录了地图中每一个空间对象在空间数据文件（*.MAP）中的位置指针。每 4 个字节构成一个指针。指针排列的顺序与属性数据文件（*.DAT）中属性数据记录存放的顺序一致。交叉索引文件实际上是一个空间对象的定位表。

（4）空间数据文件（*.MAP）：具体包含了各地图对象的空间数据。空间数据包括空间对象的几何类型、坐标信息和颜色信息等。另外还描述了与该空间对象对应的属性数据记录在属性数据文件（*.DAT）中的记录号。这样，当用户从地图上查询某一地图对象时，就能够方便地查到与之相关的属性信息。

（5）索引文件（*.IND）：索引文件并不是必需的，只有当用户规定了数据库的索引字段后 MapInfo 才会自动产生索引文件。索引文件中对应于每个索引字段都有一个索引表。在每个索引表中，先给出总的数据库记录数目，然后按照索引顺序给出每条属性数据记录在对应的索引字段处的具体属性数据和该记录在属性文件（.DAT）及交叉索引文件（*.ID）中的记录号。

4.2.3　CorelDRAW 软件简介

CorelDRAW 是一个基于 Windows 平台的向量绘图软件，原用于美术、广告界，由于具有卓越的图形和文字编辑处理功能，受到了地图制图和地图出版部门的青睐。它不仅是一个很好的专题地图绘图软件，而且还是一个能组版并能直接输出 EPS 文件格式的桌面出版软件。

4.2.3.1　CorelDRAW 基本功能

CorelDRAW 软件除了具有目前我国普遍使用的 AutoCAD、MAPGIS 等软件的绘图功能外，还有很多特殊的功能，而这些功能恰恰都是地图制图最需要的，它们能极大地提高制图效率和地图出版质量。这些功能包括：

（1）绘线功能。绘线功能，尤其是绘制曲线可谓是 CorelDRAW 软件的精髓所在，这组功能里提供了多种各具特色的绘线工具，用户可以根据具体需要选择。其中"贝塞尔曲线"工具最具特点，用它绘出的曲线非常平滑，节点很少。熟练后速度比绘折线要快得多，可用于扫描跟踪矢量化。

（2）"节点编辑"功能。节点编辑实际上就是线编辑，用"节点编辑"功能可以很方便地进行一系列的曲线编辑工作，如曲线形状改动、线段连接和分割、曲线光滑和锐化，等等。

（3）面积色填充功能。CorelDRAW 除了平铺色填充以外，还有图案花纹填充、PostScript 填充、渐变色填充等各种填充方式，大大丰富了地图的表现能力。

（4）文字注记和编辑功能。CorelDRAW 具有功能强大、方便易用的文字注记和编辑功能。不管是传统制图还是计算机制图，道路路名和水系的注记总是一个一个输入的，相当麻烦，而在 CorelDRAW 里，不必一个字一个字的输入，只要一个路名或几个路名以字符串的形式一次输入，执行一个"使文本适配路径"的命令就可以沿着道路或河流自动注记，且注记会随着道路或河流的方向变化而自动改变其文字的方向。

（5）图形和文字效果功能。CorelDRAW 的效果功能非常丰富，如立体效果、阴影效果、变形效果等，这些功能对于提高地图艺术效果是必不可少的，也是一般的向量制图软件做不到的。

（6）图例符号建库和调用功能。CorelDRAW 非常方便用户创建地图符号库，不管是几何符号还是线性符号，调用都十分方便。符号库还有一个明显的特点是，符号可以无级缩放，而且只要事先设置好轮廓线的缺省值，符号再小，仍能保持它的精细程度，这也是其他绘图软件望尘莫及的功能。

（7）小的图形文件数据量。同一个图形文件，从 AutoCAD 的.dxf 格式转为 CorelDRAW 的.cdr 格式，其数据量仅为原先的 10%～15%，这对于大数据量的地图制图作业是十分有利的。CorelDRAW 的这个特点很容易被忽视，从某种意义上讲，它应属于首要的优点。

4.2.3.2　CorelDRAW 的特点

　　CorelDRAW 除了具有目前我国普遍使用的 AutoCAD、MAPGIS 等软件的绘图功能外，其增强的易用性、交互性和创造力可用来轻而易举地创作出专业级美术作品，新颖的交互式工具可直接修改图像并加入不同效果。它具有强大的排版功能，并支持绝大部分图像格式的输入与输出，与其他软件可畅行无阻地交换共享文件。除此之外，还有很多非常特殊的功能都是地图制图最需要的，它们能极大地提高制图功效和地图出版质量，具体表现在以下几方面：

　　（1）便捷的图例符号建库和调用功能。CorelDRAW 里自带有地图符号库，也可根据需要制作新的符号后再入库。如点符号的制作过程中，点的形状可以多样化，着色能赋予渐变效果等功能；线符号的绘制更可谓是 CorelDRAW 的精髓所在，其中的"贝塞尔曲线"工具绘出的线条非常平滑，节点很少，节点编辑功能强大，对曲线形状可任意改动，绘出的线型细致精美，如图 4-15 所示。

图 4-15　CorelDRAW 中的高架立交

　　另外，面状符号的制作，除了平铺色填充以外，还有图案花纹填充、PostScript 填充、渐变色填充等各种填充方式，大大丰富了地图的表现能力。还可以制作出极具立体效果的高层建筑物（图 4-16）。

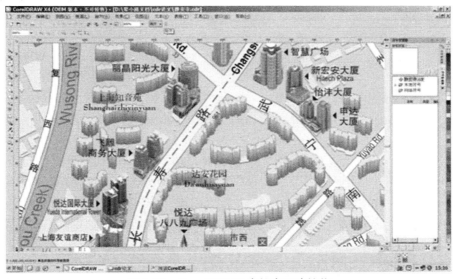

图 4-16　CorelDRAW 中的高层建筑物

CorelDRAW 还有一个十分明显的特点就是符号可以无级缩放，符号再小，仍能保持它的精细程度。

（2）增强的编修工具。CorelDRAW 增强了所有编修工具的功能，所有改进均致力于达成更快更好的目标。引线更加精确和易于定位，节点编辑工具更易激活和控制，任何时候双击物件即可进行节点编辑；改进后的显示模式可以更精确地移动和定位物件，配合使用 Alt 键可选择成组或者隐藏的对象；自由变形工具能以任何参照点自由旋转、缩放、反射（镜像）、变形；填充的花样和纹理可更方便地控制其大小、位置、旋转和变形。

（3）丰富的图形和文字效果功能。CorelDRAW 的效果功能非常丰富，如立体、阴影、变形等。这些对于提高地图艺术效果是必不可少的，也是一般的向量制图软件难以做到的。如在制作专题图时，可形象地构画出事物的立体效果，达到现实生活中的视觉感受，如图 4-17 所示。

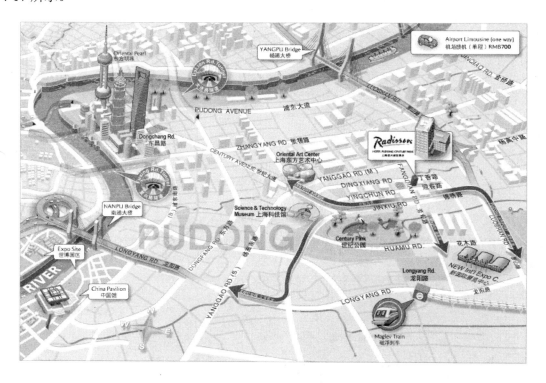

图 4-17　CorelDRAW 制作出的专题图

（4）强大的图像处理功能。在图像处理能力上，CorelDRAW 内嵌的 CorelPhotopaint 是一个和 Photoshop 不相上下的一个强大的图像工具软件。在 CorelDRAW 10 以前的版本中，不需调用任何其他的附加程序，即可对位图进行各种特效处理。自 CorelDRAW 10 版以后，这种位图处理功能则全部转移到了 CorelPhotopaint 中，以进行更为全面的处理。

（5）井井有条的文档管理。CorelDRAW 使文档管理更有条理，支持多个文档同时打开，在"打开"对话框中，使用 Shift 键和 Ctrl 键可选择多个文档，在输入文档时可以指定文档在页面上的精确位置，并可在排放时用鼠标任意缩放图形大小。为便于管理早期版本的 CorelDRAW 文档，增加了一个版本管理程序 CorelVersion，很好地解决了各版本之间的兼容与转换问题，增强了页面的自定义功能，可为页面任意命名，使页面管理更有条理，并可指定文档使用的过滤器，指定文件类型的关联程序。在字体管理上，提供了一个比特流字体管理器，可以更方便快捷地寻找和安装字体，并将字体成组管理，查看和打印字样。

（6）高精度色彩管理。CorelDRAW 的调色板编辑器，可用来创建自定义调色板和修改现有的调色板，"添加"、"删除"、"编辑"等所有操作都可在一个对话框中完成；色彩调和器上同时显示当前选中色、补色及调和色，使兼容色和补色的选取更加方便；增强了BMP 图的色彩模式转换到调色板的命令。转换时可使用一个或多个调色板中的色彩，还可设置色彩范围敏感度；色彩校正使用新的透明色阶警告，可以看到超过打印机色阶能力的颜色。

（7）彩色输出中心向导功能。CorelDRAW 为用户提供了"彩色输出中心向导"功能，这一向导可以指导用户完成专业化输出，而在输出中心准备和收集文件的所有步骤，可简化从使用者到输出中心的文件传输进程，并且允许每个彩色输出中心创建一个自定义配置文件。配置程序允许彩色输出中心配置其客户的打印机设置，这同时也保证了彩色输出中心接收到其所需的优化设置文件。

（8）提供不同质量的视图。"视图"菜单提供更改视图质量的命令，这是 CorelDRAW 显示绘图中对象的方式。这些视图质量使用从单一轮廓到所有填充、轮廓和位图的复杂级别来显示绘图。视图质量设置共有简单框架、线框、草稿视图、普通视图、增强视图等 5 个选项。其中"简单框架"视图会隐藏填充、立体、轮廓图和中间调和形状，只显示对象的轮廓，该视图质量适合显示单色位图。"线框"视图会隐藏填充，显示单色位图、立体、轮廓图和中间调和形状。"草稿"视图可显示标准填充和低分辨率位图，它将透镜和网状填充显示为纯色。网状填充由最初和最后填色的调和来表示。"草稿"视图显示独特的图标来代表填充。

（9）备份处理结果功能。CorelDRAW 提供了自动保存和备份功能，能将对文件所做的变更自动存储为另一文档，以避免发生在忘记手工保存的情况下，因电源问题或系统故障而造成原来的工作文档遭破坏的情况。保护处理结果的另一方法是将图像保存到两个不同的位置，可以指明每次进行保存时，自动创建图像的备份，备份文件将被保存在与之相应的 CorelDRAW 文件相同的文件夹中。

（10）方便快捷的打印。在打印管理方面，CorelDRAW 增加了对 Adobe PostScript 3 字体方式的支持，该打印方式采用线性喷嘴填充，提高了打印图像的质量并节省了打印时间，在保证精度和质量的前提下处理复杂的图形对象更有效率；CorelDRAW 也支持用普通打印机模拟彩色分色打印机的输出，还可把 Focoltone、Toyo、Dic 色作为 Spot 色处理。

（11）直接制作 Flash 动画。从 CorelDRAW 10 开始，CorelDRAW 即内嵌了一个可用于 Flash 的动画制作程序——CorelRAVE。这是 CorelDRAW 软件包中的一个崭新的工具，使得 CorelDRAW 软件已不再仅仅局限于桌面出版、平面美术方面，进而向更大的功能迈进。CorelRAVE 可以利用 CorelDRAW 的所有功能制作可用于网上流通的流式动画，在

CorelRAVE 中，可以完全使用 CorelDRAW 的工作方式来制作各种特效动画，虽然它的功能与 Flash 相比尚有较大的距离，但它的一些功能也是 Flash 无法比拟的。

正是由于以上这些优点，CorelDRAW 才在地图制图领域中有比较广泛的应用，但是它也有自身的不足之处。由于它不是专业地图制图软件，因而缺少投影与坐标系统以及地图属性库，对于精确制图、空间分析以及比例尺的操作比较困难。

4.2.4 SuperMap 软件简介

SuperMap 是北京超图软件股份有限公司开发的，具有完全自主知识产权的大型地理信息系统软件平台。SuperMap GIS 系列产品提供了从数据采集、系统建设到信息发布的全系列产品，适用于从嵌入式设备到个人电脑、从工作站到大型服务器、从单机环境到网络环境、从局域网到互联网等多种应用环境，能满足各类 GIS 应用领域的需要。

4.2.4.1 SuperMap 的结构体系

SuperMap GIS 系列软件产品包括服务式 GIS、组件式 GIS、嵌入式 GIS、移动 GIS 和桌面 GIS 平台，其结构体系如图 4-18 所示。表 4-2 列出了主要的产品及其简要说明。

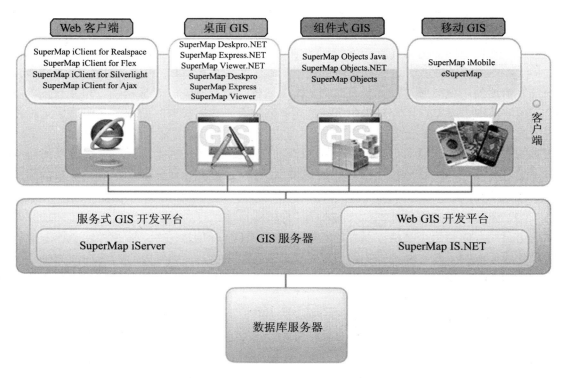

图 4-18　SuperMap GIS 结构体系

表 4-2 SuperMap GIS 的主要产品

产品类型	产品名称	产品说明
空间数据库引擎	SuperMap SDX+	SuperMap SDX+ 是支持海量空间数据管理的大型空间数据库引擎，是基于大型关系数据库管理海量空间数据的关键技术
服务式开发平台	SuperMap IS.NET	SuperMap IS .NET 是基于 Web Services 和.NET 技术的大型网络 GIS 开发平台，支持 OpenGIS WMS 标准，适用于在广域网和局域网快速发布地理空间信息和建立各种 B/S 结构的 GIS 应用系统
	SuperMap iServer .NET	基于微软.NET 平台提供的面向服务式架构的企业级 GIS 产品。采用了面向空间信息服务的企业级体系结构，支持 SOA 标准，可用于构建功能强大、多层多级服务无缝聚合、服务集中式管理、具有高度无缝可扩展业务的企业级网络应用系统和网络服务
	SuperMap iServer Java	SuperMap iServer Java 是基于 Java 平台提供的面向服务式架构的企业级 GIS 产品；适用于在广域网和局域网快速发布地理空间信息和建立各种 B/S 结构的 GIS 应用系统；采用了面向空间信息服务的企业级体系结构，支持 SOA 标准。在服务器端，可以面向网络客户端提供与专业 GIS 桌面产品相同功能的 GIS 服务，也可以与其他网络服务无缝聚合，是一个可多层次扩展的面向服务的 GIS 开发框架
组件开发平台	SuperMap Objects（COM）	SuperMap Objects 是大型全组件式 GIS 开发平台，适用于各种应用系统建设和专业 GIS 产品开发
	SuperMap Objects .NET	SuperMap Objects .NET 是基于共相式地理信息系统技术理念开发的.NET 组件开发平台，具备丰富的 GIS 功能
	SuperMap Objects Java	SuperMap Objects Java 是基于共相式地理信息系统技术理念开发的 Java 组件开发平台，具备丰富的 GIS 功能
嵌入式开发平台	eSuperMap	eSuperMap 是嵌入式 GIS 开发平台，适用基于手持、车载等移动设备和其他嵌入式设备的 GIS 应用软件开发，在数据存储、算法等方面针对嵌入式设备资源有限、运行速度较慢等特点作了优化
桌面平台	SuperMap Deskpro	SuperMap Deskpro 是专业桌面 GIS 软件，它提供了从数据管理、地图编辑、统计查询，到布局排版、网络分析、叠加分析、栅格计算、三维建模和三维分析等 GIS 功能
	SuperMap Express	SuperMap Express 是大众桌面 GIS 软件，主要应用于数据转换、地图编辑、数据管理等常用的 GIS 任务，适合大范围大量部署
	SuperMap Viewer	SuperMap Viewer 是用于空间数据浏览的免费工具软件
导航应用开发平台	SuperMap SNE	SuperMap SNE 是面向车载导航市场的应用开发平台,支持地图浏览、地图操作、POI 索引查询、路径规划、定位导航等功能，其地图数据完全遵循《车载导航电子地图应用存储格式》国家标准
D 系列产品	SuperMap SGS	面向服务的地理信息共享平台
	SuperMap D-Builder	针对各种格式的矢量和栅格数据提供自动化和批量化转换建库
	SuperMap D-Producer	面向多用户协同进行 GIS 数据生产的通用软件
	SuperMap FieldMapper	基于 eSuperMap 产品开发的基于 PDA 和 GPS 的专业数据采集软件，适用于野外工作，携带移动便利
	SuperMap Floor	房产测绘和面积分摊计算的专业化软件

（1）SuperMap 桌面 GIS 平台。SuperMap GIS 6R 桌面平台是基于 SuperMap GIS 核心技术开发的系统化的 GIS 桌面软件，它界面友好、简单易用，不仅可以很轻松地完成对空间数据的浏览、编辑、查询、输出等操作，而且还能完成空间分析、三维建模、连接大型空间数据库等较高级的 GIS 功能。SuperMap GIS 6R 桌面平台包括三个不同的产品，SuperMap Deskpro，SuperMap Express 和 SuperMap Viewer。

1）SuperMap Deskpro：SuperMap Deskpro 6 是一款专业的桌面型 GIS 软件，包含了 SuperMap GIS 6R 桌面产品的所有功能模块，提供了地图编辑、属性数据管理、分析与决策辅助事务处理、地图输出、报表打印、三维建模等方面的功能，如图 4-19 所示。

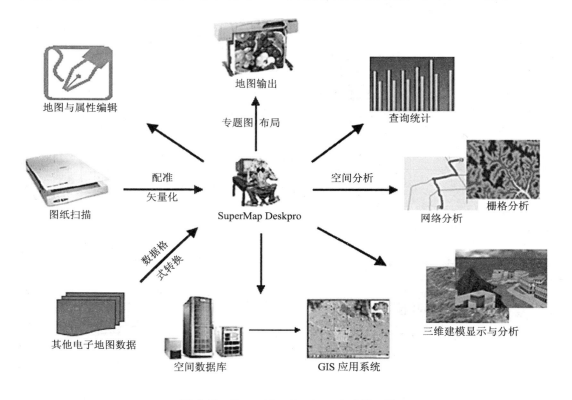

图 4-19　SuperMap Deskpro 6 功能一览

SuperMap Deskpro 6 作为一个功能完备的桌面型 GIS 软件，主要应用于地籍管理、林业、电力、电信、交通、城市管网、资源管理、环境分析、旅游、水利、航空和军事等所有需要地图显示、分析、处理的行业。

2）SuperMap Express：SuperMap Express 6 是 SuperMap Deskpro 6 的精简版本，是一款面向大众的桌面型 GIS 软件，主要面向需要进行数据采集、数据编辑处理和地图管理的用户。它秉承了 SuperMap GIS 优良的技术特性，具有 SuperMap Deskpro 的数据管理、地图浏览、数据编辑和地图配准等核心功能。

3）SuperMap Viewer：SuperMap Viewer 6 是一个数据浏览工具，不包括数据编辑处理功能，主要面向需要进行简单的数据浏览、管理的用户，SuperMap GIS 6R 系列产品制作生成的地图数据都可以在 SuperMap Viewer 6 中浏览与打印。它主要包括桌面集成环境

（Integrated Desktop Environment，IDE）和地图模块两部分功能。

（2）SuperMap 服务式 GIS 平台。SuperMap 服务式 GIS 平台，基于面向服务的架构，提供完整的 GIS 服务，该系列产品从服务定制、个性化服务集成、多源服务无缝聚合、分布式集群、服务扩展、服务配置、部署与管理、多种客户端 SDK 等方面提供完整的一体化解决方案。其中 6R 系列产品包括 SuperMap IS .NET 6、SuperMap iServer 6R、SuperMap iClient 6R，在传统二维 GIS 服务的基础上增加了三维 GIS 服务，提供了三维 Web 客户端 SDK，实现了二三维一体化。

1）SuperMap IS .NET 6：SuperMap IS .NET 6 是一款高性能的企业级网络地理信息服务发布与开发平台，采用面向互联网/内联网的分布式计算技术，提供可伸缩、多层次的 WebGIS 解决方案，全面满足网络 GIS 应用系统建设的需求，支持跨区域、跨网络的复杂大型网络应用系统集成，为企业级互联网 GIS 应用提供强大而可靠的支持，从而使用户可以快速开发定制化的地理信息服务系统。SuperMap IS. NET 完善的 GIS 功能服务、灵活的开发结构和丰富的 SDK 为各种类型的 GIS 应用系统的构建与集成提供了强大的平台。

2）SuperMap iServer 6R：SuperMap iServer 是面向服务式架构的企业级 GIS 产品，该产品通过服务的方式，面向网络客户端提供与专业 GIS 桌面产品相同功能的 GIS 服务；能够管理、发布和无缝聚合多源服务，包括 REST 服务、OGC W*S 服务（WMS、WMTS、WFS、WCS、WPS）等；支持多种类型客户端访问；支持分布式环境下的数据管理、编辑和分析等 GIS 功能；提供从客户端到服务器端的多层次扩展的面向服务 GIS 的开发框架；能全面地支持 SOA，通过对多种 SOA 实践标准与空间信息服务标准的支持，可以使用于各种 SOA 架构体系中，与其他 IT 业务系统进行无缝异构集成，从而可使应用开发者更容易快速构建敏捷的业务系统。

SuperMap iServer 6R 采用了面向服务的体系架构，服务框架是一个三层结构体系，分别是 GIS 服务提供者、GIS 服务组件层和 GIS 服务接口层。首先，由 GIS 服务提供者实现具体的 GIS 功能实体；在第二层次，GIS 功能实体封装 GIS 服务组件；在第三层次，iServer 通过 GIS 服务接口将封装好的 GIS 功能发布为多种类型的服务，层次之间由定义好的标准接口进行交互。目前，iServer 6R 在每层中都相应提供一系列的功能模块，它们之间具有松耦合关系。iServer 通过服务管理模块将三个层次中具有对应关系的功能模块进行集成，构建一系列的 GIS 服务，如图 4-20 所示。

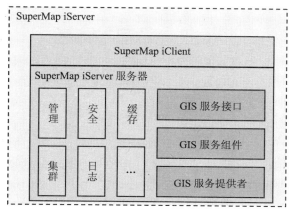

图 4-20　SuperMap iServer 6R 结构体系

3）SuperMap iClient 6R：SuperMap iClient 是一款专业的客户端 GIS 程序开发工具，它可以将 SuperMap iServer 提供的数据和服务在客户端以丰富的形式展现给用户。

（3）SuperMap 组件式 GIS 平台。SuperMap Objects 6R 系列是基于 Realspace 的二三维一体化的组件式 GIS 开发平台，适用于快速开发专业级 C/S 结构应用系统。目前 SuperMap 组件式 GIS 平台包括支持 Java、.NET 和 COM 组件的系列产品。包括 SuperMap Objects（COM）和 SuperMap Objects Java/.NET。

1）SuperMap Objects COM：SuperMap Objects 是为二次开发者设计的全组件式开发平台，可以在各种流行的开发环境中与 OA 和 MIS 等系统随意集成，相互协同，提供完善的系统功能。

SuperMap Objects 提供 11 个用于空间数据管理、地图浏览、地理处理、空间分析、地图制图、三维显示、三维分析、打印出版的控件及 210 多个可编程对象、3 500 多个接口。二次开发能力强大，封装度适中。功能涵盖了图形与属性编辑、拓扑处理、空间分析、三维建模与分析、三维可视化、专题图制作、符号线型填充库的编辑与管理和布局打印等。

2）SuperMap Objects Java/.NET：SuperMap Objects Java/.NET 6R 是基于 SuperMap 共相式 GIS 内核开发的组件式 GIS 开发平台，具有丰富、强大的 GIS 功能。其中 SuperMap Objects.NET 是基于 Microsoft 的.NET 技术开发的一款产品，它在共相式 GIS 内核基础上，采用 C++/CLI 进行封装，是纯 .NET 的组件；而 SuperMap Objects Java 是在共相式 GIS 内核基础上，采用 Java + JNI 的方式构建的，是纯 Java 的组件。

SuperMap Objects Java/.NET 6R 组件不是通过 COM 封装或者中间件运行的组件，因此，比通过中间件调用 COM 的方式在性能上将有极大的提高。

（4）SuperMap 嵌入式 GIS 平台。eSuperMap 6 是一款适用于开发各种移动设备上的 GIS 应用系统的嵌入式 GIS 开发平台。具有功能强大、开发方式灵活、定制能力强、资源消耗低、运行效率高的特点，可广泛应用于数据采集、设施管理、车辆监控等多种领域；可以为企业单位提供不同层次的解决方案，可以全面满足移动 GIS 的应用需要。使用 eSuperMap 6 软件产品，用户不仅可以快速构建具有行业特色的专业的移动地理信息应用系统，也可以快速开发基于网络和位置服务的面向大众的地理信息应用系统。

eSuperMap 6 全面支持微软的 Visual Studio 2005/2008 环境下 C++和 C#语言开发，可与其他.NET 组件进行有效的集成，为嵌入式设备上基于.NET 集成移动 GIS 应用提供支持，如图 4-21 所示。

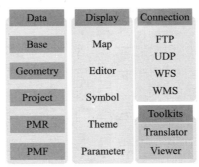

图 4-21　eSuperMap 6 体系框架

　　eSuperMap 6 支持 OGC 定义的 WFS 和 WMS 地理信息服务协议，通过专业的 GIS 服务器（GeoServer、SuperMap iServer 等）获取各类服务，实现移动端与服务端的互动，为移动 GIS 应用提供较强的网络服务能力；支持专题地图的渲染，如半透明地图效果、岛洞形状的多边形透明显示等；并且具备缓冲区分析、空间关系运算功能，使得嵌入式应用中也可获得较强的空间分析能力。它具有高效的空间数据索引技术，支持高速的海量影像数据与矢量数据的叠加显示，支持海量数据快速访问等，如图 4-22 所示。

图 4-22　海量影像数据金字塔存储方式

4.2.4.2　SuperMap 软件特点

　　SuperMap 作为一个大型的地理信息系统，从海量空间数据的获取、管理、查询、统计、编辑，到空间分析以及空间数据的输出，为地理信息系统中的空间数据处理提供了完整的工具。

　　其中空间数据的获取包括纸质图的扫描矢量化、数据格式的转换、数据的无缝集成以及测绘数据、GPS 接收数据的获取。海量空间数据管理是通过数据引擎方式将空间数据采用数据库的方式进行管理。空间查询、统计和编辑是对空间数据的基本管理功能。空间数据处理包括数据的裁剪、数据类型的转换、拓扑处理、三维模型的构建等。空间分析包括空间量算（距离、面积和方位角）、缓冲区分析、叠加分析、网络分析、三维分析、栅格分析等。

　　SuperMap 采用 SuperMap SDX+空间引擎技术，提供了一种通用的访问机制（或模式）来访问存储在不同引擎里的数据。这些引擎类型有数据库引擎、文件引擎和 Web 引擎。SuperMap SDX+是 SuperMap GIS 软件数据模型的重要组成部分，它采用先进的空间数据存储技术、空间索引技术和数据查询技术，实现了具有"空间-属性数据一体化""矢量-栅格数据一体化"和"空间信息-业务信息一体化"特点的集成式空间数据引擎技术。

　　（1）栅格数据和矢量数据一体化。由于栅格数据和矢量数据在数据结构上的差异，早期的 GIS 软件往往把矢量数据和栅格数据分开存储、管理和显示，而 SuperMap GIS 采用复合文档技术和数据库技术，将栅格数据和矢量数据存储在同一个数据源中，并实现对矢量数据和栅格数据的一体化管理、显示和分析。

　　（2）面向对象和面向拓扑一体化。早期的 GIS 软件通过"结点-弧段-面"这样面向拓扑的数据结构来存储空间数据；随着面向对象概念的发展，GIS 开始倾向于使用面向对象的数据结构来存储空间数据，但这样就缺少了空间对象之间的拓扑关系。SuperMap SDX + 开创性地把面向对象的点、线、面、文本数据模型与面向拓扑的网络数据模型存储在同一个数据源中，并提供了两者之间的相互转化，以便根据实际应用进行选择。

（3）GIS 和 CAD 一体化。传统的 GIS 一般通过图层风格和专题图来设置地图的显示风格，且每层数据都是单一的对象类型，如线图层只有线对象、面图层只有面对象等，也不提供如圆弧、圆角矩形等参数化形式的空间对象；CAD 软件为了工程制图的方便，大量采用参数化的几何对象，且一个图层内可以存放不同类型的对象。传统 GIS 的方式便于进行空间分析和计算，而 CAD 方式则更有利于制图表达和减少存储空间，提高大比例尺下地物的绘制精度；SuperMap SDX + 则综合两者之长，在同一个数据源中，既可以通过点、线、面、文本等数据模型存储单一类型的对象，又可以通过复合数据模型存储多种类型的几何对象（包括参数化对象），且每个对象可带有自己的显示风格。通过 SuperMap SDX + 的复合数据模型可以直接访问包括 AutoCAD 的 DXF/DWG、MicroStation 的 DGN 在内的CAD 数据并且保存原有数据的属性和风格，还可以方便地增加自定义属性，实现了从 CAD 软件到现代 GIS 软件的更替；SuperMap SDX + 中，还提出了复合对象（GeoCompound）的概念，它可以聚合各种类型的几何对象，而且还可以聚合其他的复合对象，这样就可以实现任意复杂对象的绘制和管理，同时也能很好地支持 AutoCAD 中的 Block 和 MicroStation 中的 Cell。

（4）不同存储介质一体化。早期的 GIS 软件一般采用文件来存储空间数据，随着数据库技术的发展，在中大型 GIS 工程应用中，越来越多应用空间数据库，而近年来服务端的发展和 SOA 的出现，OGC 标准的网络服务（WFS、WMS 和 WCS 等）应用也日益增多。通过 SuperMap SDX +可以同时管理和编辑上述不同来源的数据（分别为文件型数据源、数据库数据源和 Web 数据源），在 SuperMap 的地图中，可以同时存在不同数据源的数据，并可以统一保存在工作空间中。

4.3　计算机地图制图实习

计算机制图实习是地图学教学过程中不可缺少的一部分。计算机地图制图实习有助于学生了解专题地图的编辑与整饰过程，使其对地图投影与坐标系、地图符号、地图注记和专题图设计有更进一步的认识，加深其对地图学的理解与认识。

本节以 ArcGIS、MapInfo、CorelDRAW 和 SuperMap 4 种软件为例，分别介绍利用这些软件进行制图的方法与过程，包括地图投影与坐标系的选择、地图数字化与图形要素编辑、注记标注和专题图的设计等。由于相对于其他几种制图软件而言，ArcGIS 的制图环境稍显复杂，因此在介绍利用 ArcGIS 地图制图实习之前，增加了 ArcGIS 基础实习，以期尽快熟悉 ArcGIS 的制图环境。

4.3.1　ArcGIS 基础实习

4.3.1.1　实习目的
熟悉 ArcGIS 的操作界面；掌握 ArcGIS 软件的基本功能；理解 ArcGIS 在地图制图中的作用。

4.3.1.2　实习内容
（1）熟悉 ArcMap 的操作界面，了解其窗口组成。掌握 ArcMap 的基本操作，包括加载图层、图层顺序的改变、图层显示参数的设置、地图文档的保存等操作。

（2）熟悉 ArcCatalog 的操作界面和基本功能。掌握 ArcCatalog 的基本操作，包括文件夹的链接、文件类型的显示和增删、栅格数据的显示设置、地图与图层的操作、地理数据的输出等。

4.3.1.3　实习过程与指导

ArcMap 和 ArcCatalog 是 ArcGIS 最核心的基础模块，应用 ArcGIS 进行制图时，应首先掌握这两个模块的各项功能。

（1）ArcMap 的窗口组成。

ArcMap 是 ArcGIS 桌面系统的核心应用程序，用于显示、查询、编辑和分析地图数据，具有地图制图的所有功能。

ArcMap 的窗口主要由主菜单、标准工具栏、内容列表、目录窗口、数据框、绘图工具和状态条等部分组成。

1）主菜单。主菜单主要包括 File（文件）、Edit（编辑）、View（视图）、Bookmarks（书签）、Insert（插入）、Selection（选择）、Geoprocessing（地理处理）、Customize（自定义）、Windows（窗口）和 Help（帮助）等 10 个子菜单。

2）标准工具栏。标准工具栏共有 19 个按钮，前面 10 个按钮为通用的软件功能按钮，后面 9 个依次为加载地图数据、调用编辑工具、内容列表窗口、目录窗口、搜索窗口、ArcToolbox 窗口、Python 窗口、模型构建器窗口和实时帮助等按钮，如图 4-23 所示。

图 4-23　标准工具栏

3）内容列表。内容列表中可列出地图上的所有图层并显示各图层中要素所代表的内容，每个图层旁边的复选框可指示其显示当前处于打开还是关闭状态。在内容列表中列出图层的方法有很多种，如按绘制顺序、源、图层可见性以及选择内容等，内容列表中的图层顺序决定了各图层在数据框中的绘制顺序。地图的内容列表有助于管理地图图层的显示顺序和符号分配，还有助于设置各地图图层的显示和其他属性。典型的地图一般在内容列表底部放置影像或 terrain 基础（如晕渲地貌或高程等值线），上面是底图面要素，再然后是顶层的线要素和点要素，最后是文本标注以及其他参考信息。

4）目录窗口。目录窗口可将各种类型的地理信息作为逻辑集合进行组织和管理。目录窗口提供的工具可完成以下操作：浏览和查找要添加到地图的地理数据集；记录、查看及管理数据集和 ArcGIS 文档；在本地网络和 Web 上搜索并找到 GIS 数据；定义、导出和导入地理数据库数据模型和数据集；创建和管理地理数据库方案；向 ArcSDE 地理数据库添加连接并对其进行管理；向 ArcGIS 服务器添加连接并对其进行管理，如图 4-24 所示。

5）绘图工具和状态条。数据框的数据、版面两种视图方式分别对应两种工具 Tools、Layout。Tools 提供基础工具，用于平移、缩放和处理地图图层；Layout 是版面工具条，用于处理页面布局。

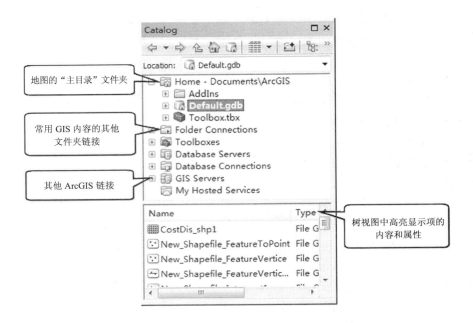

图 4-24　目录窗口

6）数据框。在数据框内部，地理数据集以图层的形式显示，这些图层包括离散要素类（如点、线和面的集合）；连续表面（如等值线和高程点的集合或晕渲地貌图）；覆盖地图范围的航空摄影或卫星影像等。

数据框提供了两种主要的地图视图：数据视图和版面视图。在数据视图中，活动的数据框将作为地理窗口，可在其中对数据进行显示、查询、检索、编辑和分析等操作，但不包括地图辅助要素。在数据框内，用户可以通过地理坐标处理通过地图图层呈现的 GIS 信息。版面视图用于设计和创作地图，以便进行打印、导出或发布。用户可以在该视图的数据框内管理、添加地图辅助要素，包括比例尺、指北针、符号图例、地图标题、文本等。

（2）ArcMap 的基本操作。

1）图层的加载。在 ArcMap 中，用户可以根据需要来加载不同的图层。图层的类型主要有 ArcGIS 的矢量数据 Coverage，Shapefile，TIN 和栅格数据 Grid；AutoCAD 的矢量数据 DWG，ERDAS 的栅格数据 Image File，USGS 的栅格数据 DEM 等。

加载图层主要有两种方法：一是直接在地图文档上加载图层，二是用 ArcCatalog 加载图层。

直接在地图文档上加载图层。点击"File"下"Add Data"命令，打开"Add Data"对话框；在对话框浏览加载的数据，选中后点击"Add"按钮，两个图层被加载到新地图中。

用 ArcCatalog 加载图层。使用 ArcCatalog 加载图层，只需在 ArcCatalog 中浏览要加载的图层，将需要加载的图层直接拖放到 ArcMap 的窗口中即可。

2）改变图层顺序。图层在内容表中的排序决定了图层中地理要素显示的上下叠加关系，直接影响输出地图中的效果表达。因此，图层的排列顺序需要遵循以下四条准则：

①按照点、线、面要素类型依次由上至下排列；

②按照要素重要程度的高低依次由上至下排列；

③按照要素线划的粗细依次由下至上排列；

④按照要素色彩的浓淡程度依次由下至上排列。

调整图层顺序，只需将鼠标指针放在需要调整的图层上，按住左键拖动到新位置，释放左键即可完成。

3）图层的参数设置。ArcMap 中的图层大多是具有地理坐标系统的空间数据，在数据框中显示时，这些图层会被统一投影变换到图层组的坐标系统下。图层组的坐标系统设置操作如下：

在图层组上单击右键，选择"peoperties"命令，打开"Date Frame Properties"对话框（图 4-25）。在"Coordinating System"选项卡中的"Current coordinate system"编辑框内可查询各图层的坐标系统；在"Select a coordinate system"树状列表中可以修改图层组的坐标系统，其中"Predefined"目录包含有系统定义的各种坐标系统，"Layers"目录中包含有当前图层组中各图层的坐标系统；点击"Transfermations"按钮，可对图层投影变换到图层组的坐标系统时的投影变换参数进行修改；点击"modify"按钮，可对坐标系统参数进行修改；点击"Import"按钮，可导入其他图层的坐标系统；点击"New"按钮，可建立自定义坐标系统；选择需要的坐标系统，点击"OK"（确定），即可完成图层组坐标系统的修改。

如果用户没有设置图层组的坐标系统，ArcGIS 默认将第一个被加载的图层的坐标系统作为该图层组的坐标系统。对于没有足够坐标信息的图层，一般情况下由操作人员来提供坐标信息。若没有提供坐标信息，ArcMap 按默认办法处理：先判断图层的 X 坐标是否在-180~180，Y 坐标是否在-90~90，若判断为真，则按照大地坐标来处理；若判断不为真，就认为是简单的平面坐标系统。

点击"General"标签，进入"General"选项卡（图 4-26），可设置 Display（显示单位）、Reference Scale（显示参考比例）、Rotation（旋转角度）。显示参数设置完成后点击"OK"（确定）按钮，即可应用设置。

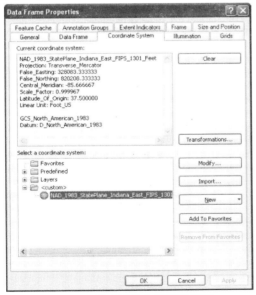

图 4-25　图层组的坐标系统设置　　　图 4-26　地图显示参数设置

4）图层的显示比例尺设置。通常情况下，不论地图显示的比例尺多大，只要在 ArcMap 内容表中勾选图层，该图层就始终处于显示的状态。如果地图比例尺非常小，就会因为地图内容过多而无法清楚表达。若照顾小比例尺地图，当放大比例尺的时候可能出现图画内容太少或者要素线划不够精细的缺点。为了克服这个缺点，ArcMap 提供了设置地图显示比例尺范围的功能。任何一个图层，都能根据其本身内容特点来设置它的最小显示比例尺和最大比例尺。若地图显示比例尺小于图层的最小显示比例尺或者大于图层的最大显示比例尺，图层就不显示在地图窗口。

对于比例尺的设置有以下几种。

①设置绝对显示比例尺：在图层上单击右键，打开图层快捷菜单中的"Properties"命令；在"General"选项卡中选择"Don't show layer when zoomed"选项，然后在"Out beyond"文本框中输入最小显示比例尺，在"In beyond"文本框中输入最大显示比例尺，点击"OK"（确定）按钮。

②设置相对显示比例尺：在图层上单击右键，打开"Visible Scale Range"命令；使用"Set Maximum Scale"或者"Set Minimum Scale"设置显示比例尺的最大值、最小值。

③删除比例尺设置：当不再需要已设好的显示比例尺范围时，在该数据层上单击右键，选择"Visible Scale Range"中的"Clear Scale Range"命令删除比例尺设置。

5）地图文档的保存。由于 ArcMap 地图文档记录和保存的并不是各图层的源数据，而是各图层的路径信息。如果磁盘中地图所对应的图层的路径被改变，系统会提示用户指定该图层的新路径，或者忽略读取该图层，地图中将不再显示该图层的信息。为了解决这个问题，ArcMap 提供了两种保存图层路径的方式：一种是保存完整路径，另一种是保存相对路径，同时还可以编辑地图文档中图层所对应的源数据。

保存图层操作如下：创建一个空白新地图，点击"Add Data"按钮添加若干图层。在"ArcMap"窗口，点击"File"菜单下"Map Document Properties"命令；打开"Map Document Properties"对话框，在"Pathnames：Store relative pathnames to data sources"选项上打勾，保存相对路径；若不打勾，则保存绝对路径；点击"OK"（确定），关闭"Map Document Properties"对话框，打开"File"菜单下"Save As"命令，保存文件。

（3）ArcCatalog 的窗口组成。

ArcCatalog 是一个空间数据资源管理器。它以数据为核心，用于定位、浏览、搜索、组织和管理空间数据。利用 ArcCatalog 还可以创建和管理数据库，组织和编辑元数据，从而大大简化用户组织、管理和维护数据工作。

ArcCatalog 的窗口主要由主菜单、工具条、目录树、数据浏览面板等四部分组成，如图 4-27 所示。它提供了所有可用数据文件、数据库和 ArcGIS 文档的完整且统一的视图。ArcCatalog 使用两个主要面板来导航和处理地理信息项目。通过左侧的目录树可以导航到用户想要使用的文件夹或地理数据库。高亮显示目录树中的某个项目可在右侧数据浏览面板中查看其属性。对于任意项目，均可右键点击打开它的快捷菜单，然后通过此菜单来访问一系列工具和操作。如可以点击数据集的快捷菜单上的"New"（新建）来添加新要素类。

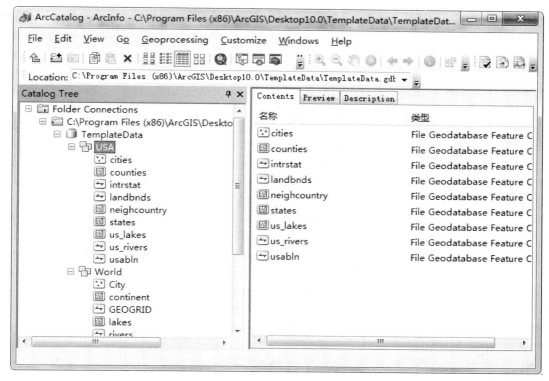

图 4-27　ArcCatalog10 用户界面

1）主菜单。主菜单主要包括 File（文件）、Edit（编辑）、View（视图）、Go（转到）、Geoprocessing（地理处理）、Customize（自定义）、Windows（窗口）和 Help（帮助）等 8 个子菜单。

2）工具条。ArcCatalog 包含许多工具条，包括标准工具条、地理工具条、位置工具条、元数据工具条等，可用于查看数据集以及在 ArcGIS 中执行各种工作空间和信息管理任务。例如，使用"预览"选项卡查看地图视图中的数据时，可使用"地理"工具条缩放和平移数据集。以下是 ArcCatalog 中一些常用工具条的快速浏览。

①标准工具条。标准工具条（图 4-28）通常显示在 ArcCatalog 应用程序的顶部，其按钮名称及功能如表 4-3 所示。

②地理工具条。使用预览选项卡并将视图类型设置为地理时，可以通过地理工具条（图 4-29）平移和缩放显示画面。还可以识别要素并使用创建缩略图按钮生成可插入到项目描述中的缩略图快照。

③位置工具条。位置工具条可以显示选中的数据文件的位置，也可用于添加与目录树的数据库连接，如图 4-30 所示。

图 4-28　ArcCatalog 标准工具条

表 4-3　标准工具条上的按钮名称及其功能

按钮	名称	功能
向上一级		基于数据库的空间数据
连接到文件夹		连接到 ArcGIS 内容和文档，在磁盘上的文件夹内（也称为工作空间）对其进行组织和管理
断开与文件夹的连接		从目录树中移除高亮显示的文件夹引用（但不删除任何内容）
复制		复制高亮显示的项目
粘贴		在光标位置处粘贴复制的项目
删除		删除高亮显示的项目
大图标		在内容选项卡上，使用大图标显示项目
列表		在内容选项卡上显示项目的列表
详细信息		在内容选项卡上显示每个项目的详细列表
启动 ArcMap		启动新 ArcMap 会话
目录树窗口		打开被隐藏或关闭的目录树窗口
搜索窗口		打开"搜索"窗口
ArcToolbox 窗口		打开 ArcToolbox 窗口
显示 Python 窗口		显示可在其中使用 Python 进行地理处理的 Python 窗口
模型构建器窗口		打开用于创建地理处理模型的模型构建器

图 4-29　地理工具条

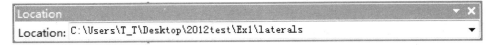

图 4-30　位置工具条

3）目录树。可以使用目录树创建新连接、添加新项目（如数据集）、移除项目、复制项目以及对项目进行重命名等，如图 4-31 所示。以下是目录树中能够操作的项目：

①文件夹：与数据集和 ArcGIS 文档的工作空间连接；

②文件地理数据库和个人地理数据库：数据集文件或 Access.mdb 文件的文件夹；

③数据库连接：ArcSDE 地理数据库连接；

④地址定位器：ArcGIS 中使用的地址地理编码文件；

⑤坐标系：用于对数据集进行地理配准的地图投影和坐标系定义；

⑥GIS 服务器：可通过 ArcCatalog 管理 ArcGIS 服务器列表；

⑦工具箱：ArcGIS 中使用的地理处理工具；

⑧Python 脚本：包含可自动工作或执行建模的地理处理脚本的文件；

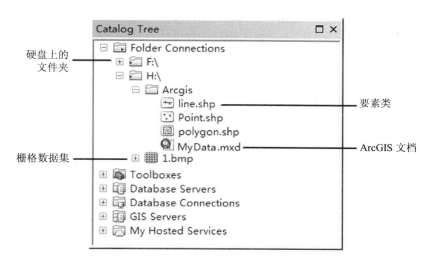

图 4-31　ArcCatalog 中的目录树

⑨样式：包含地图符号，如标记（点）符号、线符号、样式填充符号（对于面），以及用于地图标注的文本符号。

4）数据浏览面板。数据浏览面板有三个选项卡——Contents、Preview 和 Metadata，每一个选项卡提供一种唯一的查看 Catalog 目录树中项目内容的方式。

在 Catalog 目录树中选定诸如文件夹、数据库或者要素数据集等项目时，Contents 选项卡能列出项目中所包含的项目，不同于视窗浏览器只能显示目录树中的文件夹，Contents 选项卡能扩展文件夹的项目，且能看到目录树中的所有内容。

Preview 选项卡能以多种视图方式浏览数据，有 Geography、Table、3D View 以及 Globe View 等。其中，Geography 视图方式为缺省方式，对于那些既包含空间数据又包含表格属性数据的项目，可以在 Preview 选项卡的下拉列表中进行切换。Geography 视图方式下，矢量数据集的每个要素或注记，栅格数据集的每个像元，TIN 数据集的每个三角均被绘图显示，借助标准工具栏上的工具可以对视图进行放大、缩小、移动、查询等操作；Table 视图方式状态下，预览栏显示所选内容项中的属性数据表格。

Metadata 选项卡可实现元数据栏浏览。要确认一个数据源是否满足要求，不仅要知道该数据的基本信息，查看它的图形图像特征，还需要知道该数据的精度信息、数据获取方式等。这些信息可以从该数据内容项的元数据中得到。内容项的元数据除包括这些信息外，还包括很多根据数据本身特征自动生成的信息。在默认状态下，元数据栏以网页的形式提供这些信息，因此可以像在浏览器中浏览网页那样交互式地访问元数据，同时可以利用元数据工具条中的 Stylesheet 下拉菜单实现不同格式间的切换。

（4）ArcCatalog 的基本操作。

1）文件夹链接。首次启动 ArcCatalog，会发现目录树上包含了本机硬盘上的目录。但是，若要使用的数据不在本机硬盘，或欲访问的地理数据存储在一个子目录中，可以通过定制 Folder Connection，添加指向该子目录的文件夹链接。通过添加文件夹链接，可以设置经常访问的数据链接。操作如下：

①点击"File"菜单下"Connect to Folder"命令或者在"ArcCatalog"标准工具栏上

直接点击"Connect to Folder"按钮，打开"Connect to Folder"对话框。

②选择经常访问的文件夹，点击"OK"（确定）按钮，建立链接。该链接出现在ArcCatalog 目录树中。

③若要删除链接，在需删除链接的文件夹上右键单击，打开快捷菜单，选择"Disconnect Folder"命令。

2）文件类型显示和增删。第一次启动 ArcCatalog 时，会发现很多类型的文件能在Windows 的资源管理器中显示，却不能在 ArcCatalog 中显示。有些其他类型的文件也包含与地理数据相关的信息，为了显示这些文件，需要把相应的文件类型添加到 Catalog 的文件类型列表框中。

①点击"Customize"（自定义）菜单下"ArcCatalog"选项按钮，打开"File Type"选项卡（见图 4-32），在"File Type"选项卡中点击"New Type"按钮。

②在打开的"File Type"对话框中点击"Import File Type From Registry"按钮。

③在"Registered File Type"对话框中选择相应的文件类型。点击"OK"按钮，完成设置。

如果想删除某种文件类型，只需在 File Type 选项卡中选中该类型，点击"Remove"按钮即可。

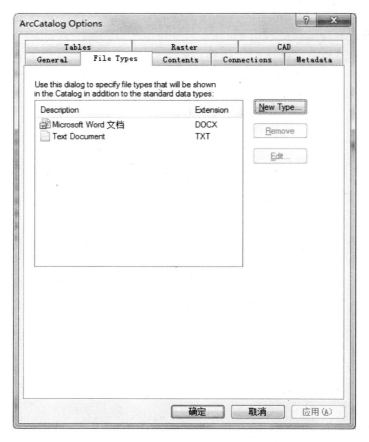

图 4-32　文件类型增删设置

3）栅格数据的显示设置。并非所有栅格数据都是以单一文件形式存储的，有些是以文件夹形式存储的，识别该类数据需要花费大量时间，所以在默认状态下栅格数据是不显示在 ArcCatalog 的。如果想要显示栅格数据，可以进行如下操作：

①点击"Customize"（自定义）菜单下"ArcCatalog"选项按钮。

②进入 Raster 选项卡（图 4-33），选中"Always prompt for pyramid calculation"（总是提示是否为栅格数据创建金字塔）；如果希望不再提示，选中"Always prompt for pyramid calculation and don't prompt in the future"；如不希望为栅格数据创建金字塔，也不提示，选择第三选项。

③点击"File Format"按钮，打开"Raster File Formats Properties"对话框，在栅格数据类型列表中，选择要显示或隐藏的文件格式。点击"确定"按钮，完成设置。

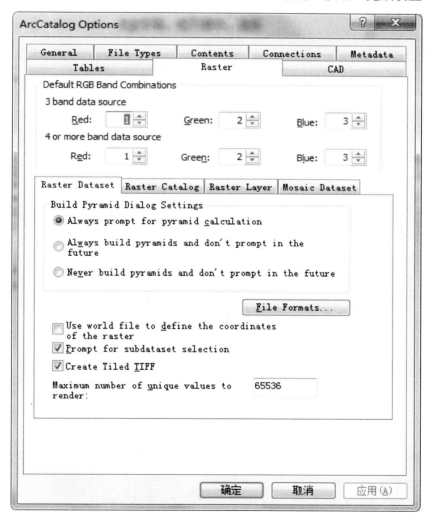

图 4-33　栅格数据的显示设置

4）地图与图层操作。地图文档本质上就是存储在磁盘上的地图数据，包括地理数据、图名、图例等一系列要素，当完成地图制作、图层要素标注及符号显示设置后，可以将其作为图层文件保存到磁盘中。在一个图层文件中，包括了定义如何在地图上描述地理数据的符号、显示、标注、查询和关系等信息。图层文件可以在多种场合重复使用。对于 SDE 地理数据库，也可以在 ArcCatalog 中利用 SDE 地理数据库中的地理数据创建一个图层文件，并将其放置在网络上的共享文件夹中，供工作组内所有成员使用。

①创建文件。在 ArcCatalog 中创建文件的具体步骤如下（以创建 Layer 为例）：

a. 点击 "File" 菜单下的 "New" 命令，选择要创建的文件类型。

b. 打开 "Create New Layer" 对话框，键入图层文件名，浏览并选定需要创建图层文件的地理数据，点击 "Add" 按钮将其加载进来。

c. 若希望创建该图层文件的缩略图，选中 "Create thumbnail" 复选框，若希望该图层文件存储相对路径，选中 "Store relative path name" 复选框。

d. 点击 "OK"，完成新图层文件的创建。

②设置文件特性。在 ArcCatalog 中创建一个图层文件时，系统利用随机产生的符号来表示图层中地理要素。如果不满足要求，可以在图层特性对话框中设置或改变包括地图符号在内的各种图层文件的特性。需要注意的是，不同类型的地理数据，其图层特性对话框也是不同的。对于图层组文件，在图层特性对话框中，既可以设置图层组中各图层的公共特性，也可以分别对每个图层的特性进行编辑。设置图层特性的具体操作步骤如下：

在需要设置特性的文件上单击右键，打开快捷菜单，点击 "Properties" 命令，打开 "Layer Properties" 对话框，对特性进行设置，关于这部分可详见本节符号化内容。

③保存独立的图层文件。一般情况下，在 ArcMap 中制作的图层是作为地图文档的一部分，与地图文档一起保存为*.mxd。为了便于在其他地图中调用，或者实现其共享，对于一个已经完成符号化设置和注记的图层，可以在地图文档以外以图层文件的形式独立保存为*.lyr 文件。

5）地理数据输出。为了便于数据共享和交换，可以将地理数据库中的要素数据输出为 Shapefile 或者 Coverage，将相应的属性表输出为 Info 或者 dBase 格式的数据文件。

在 ArcCatalog 中输出地理数据的具体步骤如下（以输出 Shapefile 为例）：

①在 ArcCatalog 目录树或者内容栏中，右键单击需要输出的地理要素类，打开要素类操作快捷菜单。

②鼠标指针指向菜单中的 "Export"，选择 "To Shapefile（single）" 或者 "To Shapefile（multiple）" 命令，打开 "Feature Class to Shapefile" 对话框。

③在列表框中选择要素类，在 "Output Shapefile" 文本框中键入文件名（包括路径）。

④点击 "OK" 按钮，输出 "Shapefile" 文件。

4.3.2　ArcGIS 制图实习

4.3.2.1　实习目的

掌握 ArcGIS 软件制作专题地图的基本流程与操作方法。

4.3.2.2　实习内容

（1）熟悉 ArcGIS 空间数据采集与编辑的基本过程，包括地图准备工作、纸质图扫描、栅格地图的空间配准、矢量化、属性数据输入、符号化显示等过程。

（2）掌握 ArcGIS 地图制图与输出的基本过程，包括图名图例、比例尺、指北针、坐标格网的绘制等。

4.3.2.3　仪器、设备、资料

计算机、ArcGIS 10 软件、金山地区土地利用现状图（野外调查草图，即作者原图）。

4.3.2.4　实习过程与指导

一般来说，ArcGIS 10 制作专题图包含以下步骤：准备工作、矢量化、属性编辑、符号化显示、地图制图与输出。

（1）准备工作。利用 ArcGIS 进行空间数据采集与编辑前，需要做一些准备工作，包括地图准备工作、纸质图扫描、栅格地图的空间配准等。

1）纸质地图准备。计算机制图过程对纸质地图有一定的质量要求，需要地图具有可靠性、实时性等特点，且地图纸张平整，没有破损和折痕。在进行数字化之前，需要对地图进行必要的处理，诸如地图的褶痕处理、变形处理、线划处理等，并获取相应的投影参数。

2）纸质图扫描。本次实验中所使用纸质地图为外业实习中所绘制的金山地区土地利用现状草图（作者原图）。扫描后的栅格地图如图 4-34 所示。

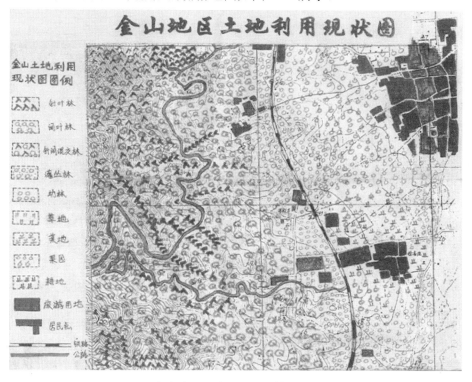

图 4-34　金山地区土地利用现状草图（作者原图）

3）栅格地图的空间配准。空间配准是通过控制点的选取，对扫描后的栅格数据进行坐标匹配和几何校正。经过配准后的栅格数据具有地理意义，在此基础上采集得到的矢量数据才具有一定地理空间坐标，才能更好地描述地理空间对象，解决实际空间问题。配准的精度直接影响采集的空间数据的精度，因此，栅格配准是进行地图扫描矢量化的关键环节。

在默认状态下，地图参考工具栏并没有在 ArcMap 窗口中显示，为了对栅格图像数据

进行地图参考操作，首先必须打开地图参考工具栏（Georeferencing 工具栏）。

1）在 ArcMap 窗口主菜单栏中，点击 "Customize"（自定义）菜单，打开 "Customize" 下拉菜单。

2）将鼠标指针指向 "Toolbars" 命令，在其级联菜单中选择 "Georeferencing" 命令。打开后的地图参考工具栏如图 4-35 所示。

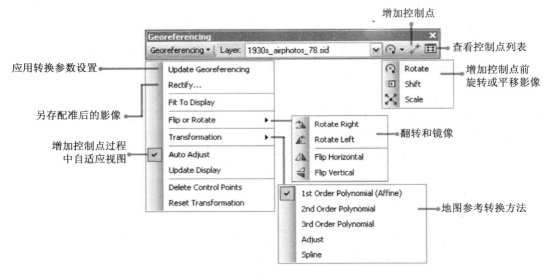

图 4-35　ArcMap 中的地理参考工具栏

对影像（栅格地图）的配准有很多方法，下面介绍一种常用的方法。

1）打开 "ArcMap"，打开 "Georeferencing" 工具栏。

2）打开 "ArcToolbox" → "Date Management Tool" → "Projections and Transformations" → "Define Project" 进行坐标系统的定义。金山地区土地利用现状图采用北京 1954 坐标系，高斯克吕格投影，中央经线 117°，对应 ArcMap 中的 Beijing_1954_3_Degree_GK_CM_117E 坐标系统。

3）把需要进行纠正的影像加载到 ArcMap 中，会发现 Georeferencing 工具栏中的工具被激活。

4）在校正中需要知道一些特殊点的坐标，即控制点。可以是经纬线网格的交点、千米网格的交点或者一些典型地物的坐标，从图中取均匀分布的几个点。

5）首先将 "Georeferencing" 下拉菜单中的 "Auto Adjust" 命令取消选中状态。

6）点击 "Georeferencing" 工具栏上的 "Add Control Point" 按钮，在影像上精确地寻找一个控制点并点击，然后单击右键，在弹出的快捷菜单中选择 "Input X and Y" 命令，在打开的对话框中输入该点的坐标值。

7）用相同的方法，在影像上（栅格地图）增加多个控制点，点击 "Georeferencing" 工具栏上 "View Link Table" 菜单命令，打开 "Link Table" 对话框检查各控制点 Residual （残差）和均 RMS（方差），如图 4-36 所示。调整配准方法和控制点坐标，直至符合要求为止。

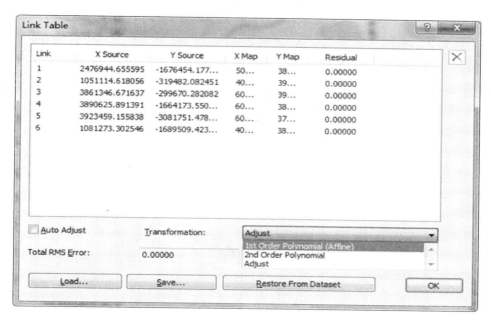

图 4-36　Link Table 对话框

　　8）增加所有控制点后，在"Georeferencing"下拉菜单中点击"Update Georeferencing"命令，更新影像（栅格地图）。更新后，影像（栅格地图）具有真实的坐标值，如图 4-37所示。

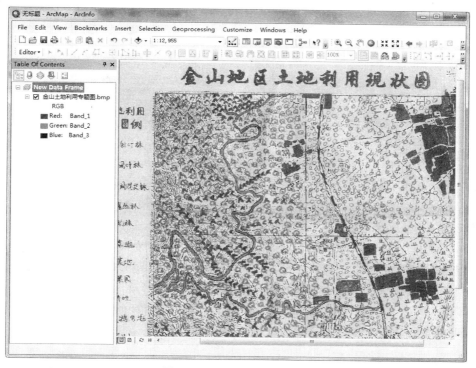

图 4-37　配准后的栅格地图

9）在"Georeferencing"下拉菜单中点击"Rectify"命令，打开"Save As"对话框，将更新后的影像另存。其中参数"Cell Size"选择与更新前相同，Resample Type（重采样方法）有三种：Nearest Neighbor（最近邻法）、Bilinear Interpolation（双线性内插法）和Cubic Convolution（立方卷积法），最近邻法不改变输入像元的值，得出的结果较粗糙；双线性内插法稍好；立方卷积法最光滑。一般对栅格地图来说采用最近邻法，如图 4-38 所示。

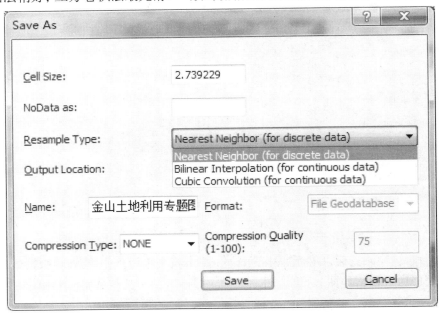

图 4-38　Save As 对话框

（2）矢量化。配准完毕后，就可以开始矢量化了。在 ArcGIS 中利用相关的空间数据采集工具进行矢量化，这方面的工具主要有两种：在 ArcMap 中利用 Editor 工具栏结合 Advanced Editing 工具栏进行矢量化；在 ArcScan 中进行自动或半自动矢量化。

矢量化的基本过程是：首先确定生成新要素的图层，然后对照底图在图层中分别创建点、线、面要素。

1）新要素类的创建。点击"ArcMap"工具条上的"ArcCatalog"按钮，打开"ArcCatalog"程序，在目录树中展开工程所在位置，鼠标右键菜单中选择"New"子菜单的"Shapefile"，新建一个地理要素文件。

在"Create New Shapefile"对话框中给新的要素命名，在"Feature Type"要素类型下拉列表框中选择创建要素类的类型（一个 Shapefile 文件只能表示一种要素），如 Point（点要素）、Polyline（线要素）、Polygon（多边形面要素）和 MultiPoint、MultiPatch，这里创建一个"Polygon"文件。在"Spatial Reference"框中没有指定坐标系，因此点击"Edit"按钮给新建的要素类指定坐标系，这里选择 Beijing_1954_3_Degree_GK_CM_117E 坐标系，如图 4-39 所示。用此方法分别创建一个点、线、面要素类。

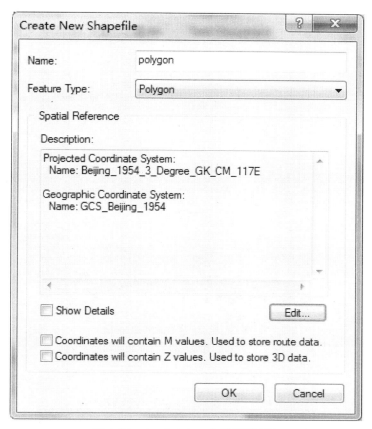

图 4-39　ArcCatalog 中创建要素类

2）ArcMap 中点、线、面的创建和编辑。在编辑前先打开 "Editor" 工具条，选择 "Editor"
工具菜单的 "Start Editing" 进入编辑状态，如图 4-40 所示。

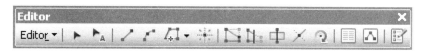

图 4-40　Editor 工具条

每次在地图上创建要素时，一开始都要用到 Create Features（创建要素）窗口，如图
4-41 所示。在 "创建要素" 窗口中选择某要素类后，将基于该要素类的属性建立编辑环境；
此操作包括设置要存储的新要素的目标图层、激活要素构造工具并为创建要素指定默认属
性。为减少混乱，图层不可见时，在 "创建要素" 窗口中要素类也将隐藏。

在 "创建要素" 窗口中选中要编辑的要素类，就可以进行要素的创建了。创建要素时，
最常用到的是 "创建要素" 窗口中的 "Construction Tools" 以及 "Editor" 工具条上的构造
方法。利用这些工具，可以创建线、弧、正切曲线、交叉点或中点处的折点，还可以基于
其他要素的距离和方向创建折点，或通过沿现有线段追踪来创建新线段。下面列出了一些
比较重要的构造方法。

图 4-41　Create Features（创建要素）窗口

　　①直线段构造方法。直线段构造方法（ ✎ ）是对线要素折点或面要素折点进行数字化的默认方法。图 4-42 为该方法的使用说明，每次点击都将放置一个折点，而折点之间的线段是直线。

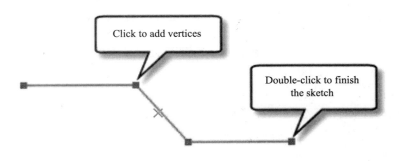

图 4-42　直线段构造方法

　　②弧构造方法。弧构造方法（ ⌒ ）用于创建参数（真）曲线线段。图 4-43 为该方法的使用说明，参数曲线并不是由多个折点构成的，它仅具有两个作为端点的折点。

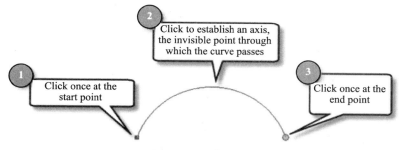

图 4-43　弧构造方法

③"贝塞尔"构造方法。"贝塞尔"构造方法（ ）用于构造平滑曲线。图 4-44 为该方法的使用说明，可使用控制点更改曲线的角度、高度和形状。

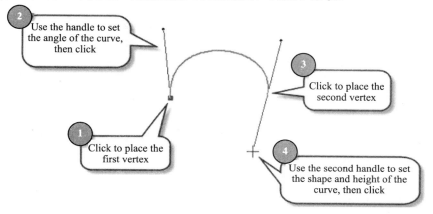

图 4-44　"贝塞尔"构造方法

④"方向-距离"构造方法。"方向-距离"构造方法（ ）可使用与已知点的距离和已知点的方向创建点或折点，从而定义方位线，如图 4-45 所示。例如，可按距某一建筑物的拐角的指定距离和与另一建筑物的拐角形成的指定角度确定电线杆的位置。

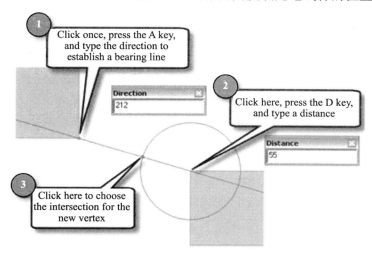

图 4-45　"方向—距离"构造方法

　　⑤"距离-距离"构造方法。"距离-距离"构造方法（ 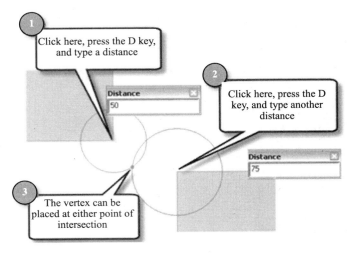 ）可用于在分别以两个点为圆心以指定距离为半径的两个圆的相交处创建点或折点。该方法将以两处拐角为圆心并以相应距离为半径创建两个圆，以确定两个可能的交叉点，如图 4-46 所示。

图 4-46　"距离-距离"构造方法

　　⑥端点弧构造方法。端点弧构造方法（ ⌐ ）可用于指定曲线的起始点和终止点，然后定义曲线的半径，其使用说明见图 4-47。

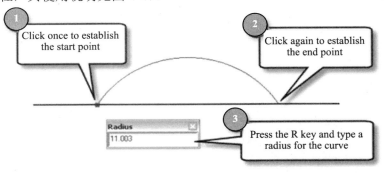

图 4-47　端点弧构造方法

　　⑦交叉点构造方法。交叉点构造方法（ ⊤ ）用于在两条经适当延长后可相交的线段的相交处创建点或折点。

　　⑧中点构造方法。中点构造方法（ ⟋ ）可通过点击确定两个点来放置一个点或折点，新的点或折点将放置在所确定的两点之间的线段中点处。

　　⑨直角构造方法。直角构造方法（ ⌃ ）可创建与前一线段成 90°角（直角）的线段。

　　⑩切线构造方法。"切线"构造方法（ ⌐ ）用于添加与先前草绘的线段相切的线段。该方法适用于绘制铁路线草图，因为铁路线草图中的曲线几乎总是与先前绘制的线段相切，使用说明见图 4-48。

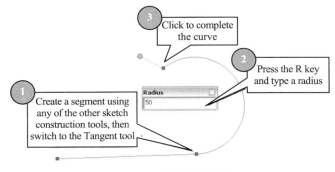

图 4-48　切线构造方法

⑪追踪构造方法。追踪构造方法（⏁）可用于沿现有线段创建线段。假设要添加的新道路轮廓要素偏离原道路 15 m，可沿现有线要素进行追踪，而无需输入各线段的角度和长度，如图 4-49 所示。

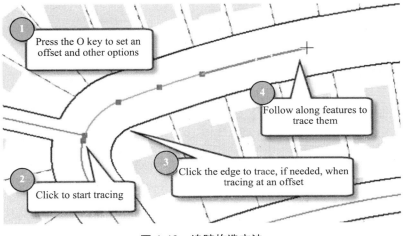

图 4-49　追踪构造方法

在绘制边界线的过程中为了使边界线闭合，可以使用捕捉功能。点击"Editor"下拉菜单的"Snapping"菜单，在弹出的子菜单中点击"Snapping Toolbar"选项，弹出"Snapping"工具条，包含有点、交点、中点、切点、折点、终点、拓扑节点和边捕捉功能，如图 4-50 所示。

图 4-50　Snapping 工具条

捕捉启用的情况下，指针在移动至地图的各个要素附近以及停留在要素上时，其图标会发生改变。每个捕捉代理（折点、边、端点、交点等）都有其自身的反馈方式。例如，当捕捉到某个折点或点时光标会变为方形，而当捕捉到某个边时光标会变为一个带有对角线的框。通过留意光标外观及弹出的捕捉提示文本，便可立即判断出捕捉到的图层以及正在使用的捕捉类型。点击"Snapping"菜单的"Options"选项可指定捕捉距离和单位，以及捕捉规则，图 4-51 为不同规则下的捕捉图示。

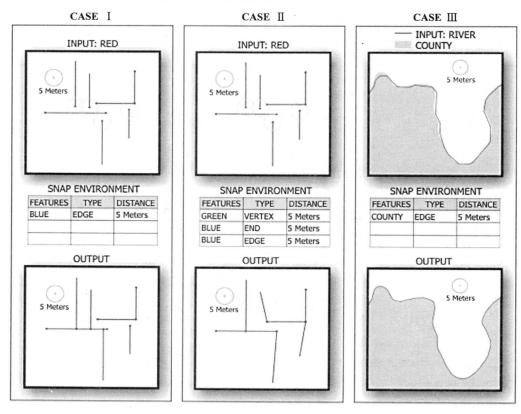

图 4-51　捕捉图示

3）保存编辑内容。当对矢量化结果感到满意时，可以保存编辑内容来保留要素及对它们所做的更改。可以定期保存编辑内容或者等到完成编辑会话后再保存编辑内容。点击"Editor"菜单，指向"Save Edits"。矢量化完毕后的金山地区土地利用现状图如图 4-52 所示。

（3）属性编辑。GIS 数据包含的属性信息都记录在表中。每个表格的基本结构都相同，由行和列组成。通常将行定义为一条记录，将列定义为一个字段，两者的交叉点是一个要素的某个属性。

在 ArcMap 中对地理数据进行编辑，不仅可以对其几何信息进行编辑，同时也可以对其属性信息进行编辑。一般的属性表中既包含了系统预设的一些字段，又包含了用户自定义的字段，而进行编辑的只能是用户自定义的字段，表中的属性值可单独进行添加或更改，也可批量更改赋值。

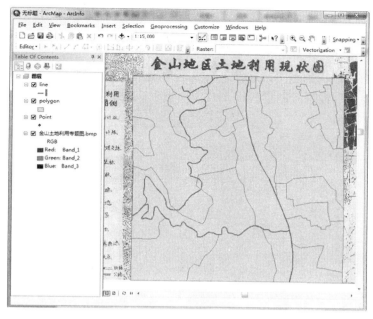

图 4-52　矢量化后的金山地区土地利用现状图

1）添加字段。在"Editor"（编辑）工具条下拉菜单选择"Stop Editing"（停止编辑）；在目录列表中右键点击要编辑的图层，选择"open attribute table"（打开属性表）。点击"Table Options"按钮，在弹出菜单中点击"Add Field"，如图 4-53 所示。在弹出的"Add Field"对话框中输入字段名称，选择字段类型，在这里使用字段名称 LANDUSE，字段类型为 text。

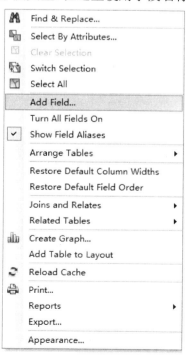

图 4-53　Table Options 菜单

2）利用表窗口更改属性值。

①单个赋值。利用表窗口为单个要素添加或修改属性值，步骤如下：

a. 启动编辑会话，"Editor"（编辑）工具条下拉菜单选择"Start Editing"（开启编辑）。

b. 右键点击要编辑的图层，选择"open attribute table"（打开属性表）。

c. 找到需要添加或修改的字段以及对应记录，手动输入单个属性值，如图 4-54 所示。

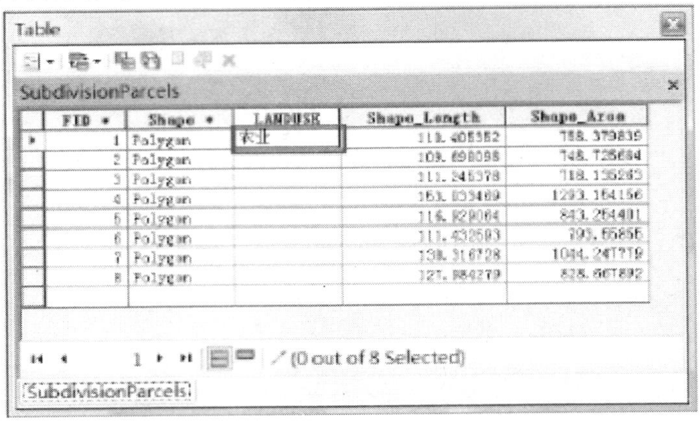

图 4-54　表窗口单个赋值

②批量赋值。利用"字段计算器"进行批量赋值，前提条件是两个字段的属性必须遵循一定的规则（短整型、长整型、双精度、单精度数据都可向文本复制，但是文本不能复制到数值中）。

a. 启动编辑会话，"Editor"（编辑）工具条下拉菜单选择"Start Editing"（开启编辑）。

b. 右键点击要编辑的图层，选择"open attribute table"（打开属性表）。

c. 右键点击需要添加或修改的字段名，选择"Field Calculator"（字段计算器）。

d. 在"Field Calculator"（字段计算器）对话框中利用 VB 脚本语言或 Python 语言编写语句，既可以直接在表达式文本框中输入较为简单的表达式，也可以在代码框中输入较为复杂的表达式以执行高级计算。

e. 点击"OK"（确定）后可在属性表中查看计算结果。

3）利用属性窗口更改属性值。

查看要素的属性信息时，不仅可以由表中查看，还可以从"Attributes"（属性）窗口中查看，同样也可以由"Attributes"（属性）窗口直接对表中的属性信息进行添加或更改。

利用"Attributes"（属性）窗口为要素进行赋值，步骤如下：

①启动编辑会话，编辑工具条下拉菜单选择"Start Editing"（开启编辑）。

②点击"Editor"（编辑）工具条上的"Edit Tool"（编辑工具），再选择一个或多个要素。

③点击"Editor"（编辑）工具条上的"Attributes"（属性表），打开要素属性表。

④点击要素所在图层，如果只想更新其中某些要素，按住键盘上的 Ctrl 键，同时点击这些要素，被选中的要素处于高亮显示状态。

⑤点击需要添加或修改的字段后的单元格，输入相应的属性值，如图 4-55 所示。

⑥完成后点击相应的要素查看结果。

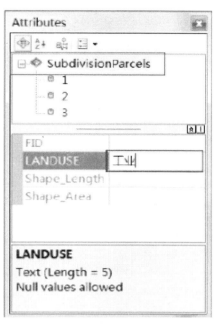

图 4-55　属性（Attributes）窗口批量赋值

4）编辑完成后的属性表如图 4-56 所示。

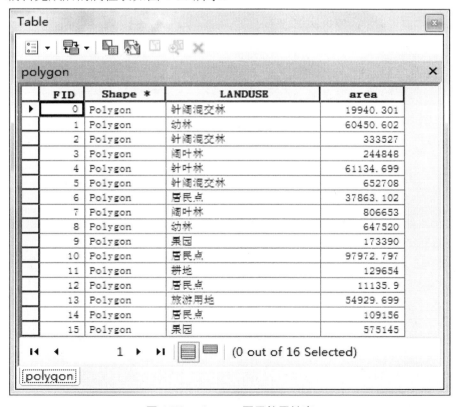

图 4-56　ploygon 图层的属性表

（4）符号化显示。无论点状、线状还是面状要素，都可以根据要素的属性特征采取单一符号、分类符号、分级符号、分组色彩、比例尺符号、组合符号和统计图形等多种表示方法实现数据的符号化，编制符合需要的各种地图。土地利用图的符号化一般采用分类符号，即根据要素的属性值来设置地图符号，步骤如下：

1）右键点击图层，然后点击"Properties"（属性）。点击图层属性对话框中的"Symbology"（符号系统）选项卡。

2）在左侧渲染器列表中，选择"Categories"（类别）下的"Unique Value"（唯一值）选项（图 4-57）。

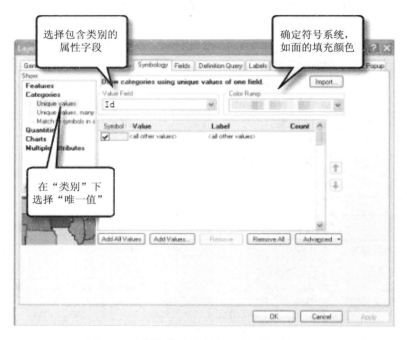

图 4-57　使用唯一值渲染器进行符号化显示

3）在"Value Field"（字段值）中选择"LANDUSE"，即土地利用类型。

4）点击"Add All Values"，在"Symbol"列表框中会出现所有的字段，字段前附有它们相应的符号样式。若这些字段仍不能完全满足需要，可在"Add Values"对话框中使用"New Value"文本框，添加字段名称，点击"Add to List"即可。

5）至此已对不同类型的道路进行分类，若对系统默认的符号样式不满，可以双击"Value"名称前面的"Symbol"符号，打开"Symbol Selector"对话框，在对话框中可设置符号的各种属性，也可创建自己的符号。

6）对道路也进行上述操作，完成设置后保存，结果如图 4-58 所示。

（5）地图制图与输出。地图制图是一个较复杂的过程，上述内容包括地图数据的采集、编辑和符号化，都是为地图的编制做铺垫的。这一过程旨在将准备好的地图数据，通过一幅完整的地图表达出来，将所有的信息传递出来，满足生产、生活中的实际需要。为此，需要进行一系列的操作，包括版面纸张的设置、制图范围的定义、制图比例尺的确定、添加图名、图例、坐标格网等。

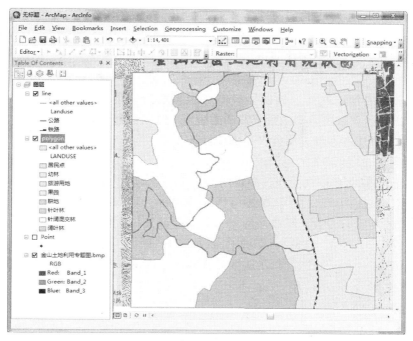

图 4-58　符号化后的土地利用现状图

1）地图模板操作。

ArcMap 系统不仅为用户编制地图提供了丰富的功能和途径，还可以将常用的地图输出样式制作成现成的地图模板，方便用户直接调用，减少了很多复杂的程序。

①在"ArcMap"窗口主菜单栏中，点击"File"下的"New"，打开"New Document"对话框（图 4-59）；

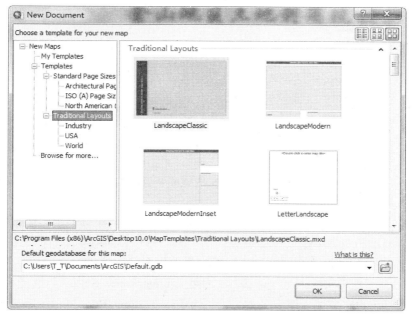

图 4-59　选择地图模板

②选择系统预设的地图模板，或者点击"My Templates"建立新的模板；

③点击"OK"按钮创建空地图模板，返回"ArcMap"窗口；

④根据需要进行各种地图版面设置；

⑤点击"File"下的"Save As"命令，保存经过设置的模板为"User.mxt"。

如果用户希望自己制作的地图模板能够像系统给定的模板文件一样出现在"New Document"对话框中，只需要在系统默认的模板文件夹路径下新建一个文件夹"User"，将设置的模板文件保存在新建文件夹里面就能够实现。

2）图面尺寸设置。

ArcMap 窗口包括数据视图和版面视图，正式输出地图之前，应该首先进入版面视图，按照地图的用途、比例尺、打印机的型号等来设置版面的尺寸。这是地图编制过程中一个重要环节，若没有进行设置，系统会应用它默认的纸张尺寸和打印机。

①点击"View"下的"Layout View"命令，进入版面视图。

②将鼠标移至"Layout"窗口默认纸张边沿以外，单击右键打开图面设置快捷菜单，点击"Page Setup"命令，打开"Page Setup"对话框，如图 4-60 所示。

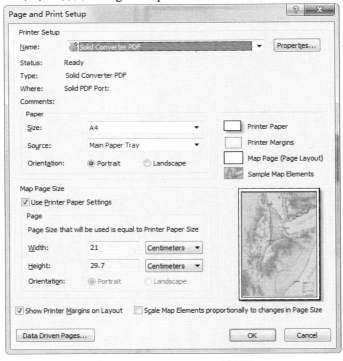

图 4-60　Page Setup 对话框

③在"Name"下拉列表中选择打印机的名字。"Paper"选项组中选择输出纸张的类型：A4。如果在"Map Page Size"选项组中选择了"Use Printer Paper Setting"选项，则"Page"选项组中默认尺寸为该类型的标准尺寸。若不想使用系统给定的尺寸，可以在"Size"下拉列表中选择用户自定义纸张尺寸，去掉"Use Printer Paper Setting"选项前面的勾，在"Width"和"Height"中输入需要的尺寸以及单位。"Orientation"可选"Landscape"（横向）或者"Portrait"（纵向）。

④选择"Show Printer Margins on Layout"则在地图输出窗口上显示打印边界，选择"Scale Map Elements proportionally to change in Page size"选项则使得纸张尺寸自动调整比例尺。注意选择"Scale Map Elements proportionally to change in Page size"选项的话，无论如何调整纸张的尺寸和纵横方向，系统都将根据调整后的纸张参数重新自动调整地图比例尺，如果想完全按照自己的需要来设置地图比例尺就不要选择该选项。

⑤点击"OK"按钮，完成设置。

注：尺寸设置中需要注意的问题是两种图面尺寸设置的差异：若按照打印机纸张来设置图面尺寸的话，地图文档就与所选择的打印机建立了联系，当地图文档需要被共享，而接受共享的一方没有同型号的打印机时，地图文档就会自动调整其图面尺寸，变为接受共享一方默认的打印机纸张尺寸，破坏了其原有设置，因此推荐按照标准纸张尺寸或者用户自定义尺寸进行图面设置，这样地图文档与打印机是相互独立的关系，不会因为型号问题而改变原有设置。

3）图框与底色设置。

ArcMap 的输出地图可以由一个或者多个图层组构成，各个数据组可以设置自己的图框和底色。

①在需要设置图框的数据组上单击右键打开快捷菜单，点击"Properties"选项，打开"Data Frame Properties"对话框，点击"Frame"标签进入"Frame"选项卡，如图 4-61 所示。

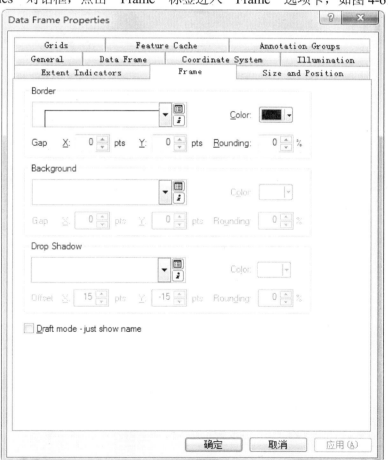

图 4-61 Data Frame Properties 对话框

②调整图框的形式，在"Border"选项组点击"Style Selector"按钮，打开"Border Selector"对话框，如图 4-62 所示。选择所需要的图框类型，如果在现有的图框样式中没有找到合适的，可以点击"Properties"按钮改变图框的颜色和双线间距，也可以点击"More Symbols"获得更多的样式以供选择。

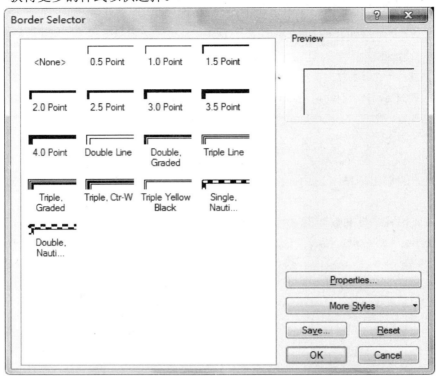

图 4-62　Border Selector 对话框

③完成设置，点击"OK"返回"Data Frame Properties"对话框，继续底色的设置。在"Background"下拉列表中选择需要的底色，若没有选择到合适的底色，点击"Background"选项组中的"Style Selector"按钮，打开"Background Selector"对话框进一步设置，如图 4-63 所示。如果在"Background Selector"中选择不到合适的底色，可以点击"Properties"按钮在已有底色的基础上调整它的颜色、外框颜色、外框宽度，或者点击"More Styles"按钮获取更多样式。

④在"Drop Shadow"选项组中调整阴影，在下拉框中选择需要的阴影颜色，若没有选择到合适的颜色，点击"Background"选项组中的"Style Selector"按钮，打开"Background Selector"对话框进一步设置。与调整底色方法类似，可以通过点击"More Styles"按钮，或者点击"Properties"按钮对阴影进行进一步的设置。

⑤调整各个组合框中的 X、Y 可以改变图框的大小，调整"Rounding"百分比可以调节图框边角的圆滑程度。

⑥设置完成后点击"OK"，应用设置。

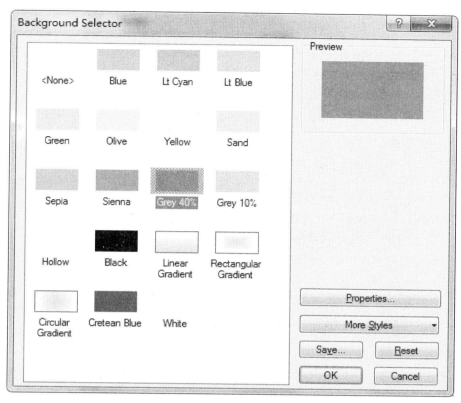

图 4-63　Background Selector 对话框

4）绘制坐标格网。

地图中的坐标格网属于地图的三大要素之一，反映地图的坐标系统或地图投影信息。

不同制图区域的大小，有着不同类型的坐标格网：小比例尺大区域的地图通常使用经纬线格网；中比例尺中区域地图通常使用投影坐标格网，又叫千米格网；大比例尺小区域地图，通常使用千米格网或索引参考格网。本例中使用 1∶10 000 比例尺的地图数据，应使用千米格网，设置步骤如下：

①在需要放置地理坐标格网的数据组上单击右键，打开"Data Frame Properties"对话框，点击"Grids"标签进入"Grids"选项卡。

②点击"New Grid"按钮，打开"Grids and Graticules Wizard"对话框，如图 4-64 所示。选择"Measure Grid：Devides map into a grid of map unit"（绘制千米格网单元）单选按钮。在"Grid Name"文本框输入坐标格网名称：Measure Grid。

③点击"下一步"按钮，打开"Create a Measure Grid"对话框，如图 4-65 所示。在"appearance"选项组选择"Grid and labels"（绘制千米格网并标注）单选按钮；若选择第一项"Labels only"，则只放置坐标标注，而不绘制坐标格网；若选择第二项"Tick marks and labels"，只绘制格网线交叉十字及标注。在"Intervals"文本框输入千米格网的间隔：在"X Axes"和"Y Axes"的文本框中分别输入水平和垂直格网间隔：500。

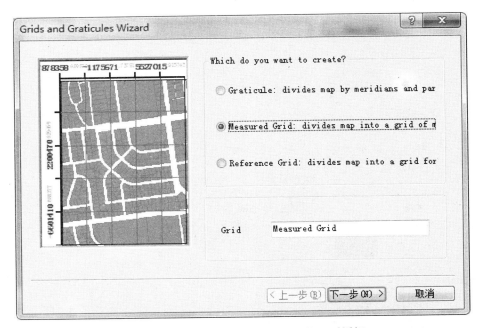

图 4-64　Grids and Graticules Wizard 对话框

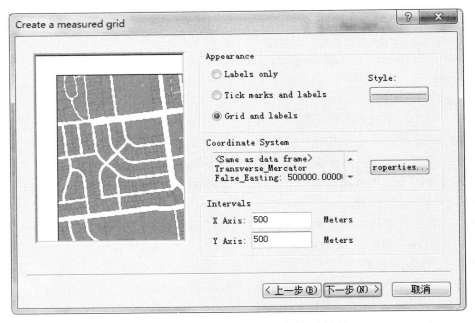

图 4-65　Create a Measure Grid 对话框

④点击"下一步"按钮，打开"Axes and Labels"对话框，如图 4-66 所示。在"Axes"选项组选中"Major division ticks"（绘制主要格网标注线）和"Minor division ticks"（绘制次要格网标注线）复选框。点击"Major division ticks"和"Minor division ticks"后面的"Line Style"按钮，设置标注线符号。在"Number of ticks per major"微调框中输入主要格网细分数：4。点击"Labeling"选项组中"Text"，设置坐标标注字体参数。

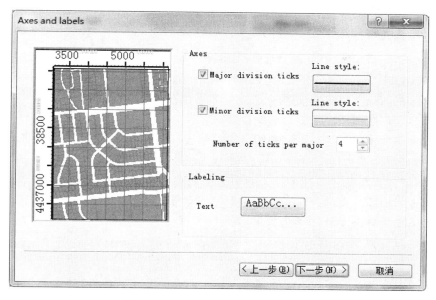

图 4-66 Axes and Labels 对话框

⑤点击"下一步"按钮，打开"Create a measured grid"对话框。在"Measure Grid Border"选项组选中"Place a border between grid and axis labels"复选框；在"Neatline"选项组中选择"Place a border outside the grid"（在格网线外绘制轮廓线）复选框；在"Grid Properties"选项组选择"Store as a fixed grid that updates with changes to the data frame"（千米格网将随着数据组的变化而更新）单选按钮，如图 4-67 所示。

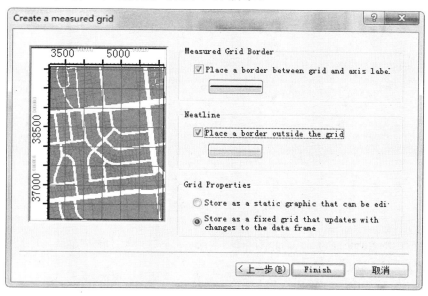

图 4-67 Create a measured grid 对话框

⑥点击"Finish"（完成）按钮。完成千米坐标格网的设置。返回"Data Frame Properties"对话框，所建立的格网文件显示在列表，点击"OK"（确定）按钮，千米坐标格网出现在

版面中。

5）图名的放置与修改。

①在"ArcMap"窗口菜单条上点击"Insert"命令；

②在"Insert"下拉菜单中点击"Title"命令，出现"Enter Map Title"矩形框；

③在"Enter Map Title"矩形框中输入所需要的图名；

④将图名矩形框拖放到图面合适的位置；

⑤可以直接拖拉图名矩形框调整图名字符的大小，或者在点击了图名矩形框之后，通过绘图工具条上的相关工具，如 Change Font、Change Size，调整图名的字体、大小等参数。

6）图例的放置与修改。图例符号对于地图的阅读和使用具有重要的作用，主要用于简单明了地说明地图内容的确切含义。通常包括两个部分：一部分用于表示地图符号，另一部分是对地图符号含义的标注和说明。

①在"ArcMap"窗口菜单条上点击"Insert"下的"Legend"，打开"Legend Wizard"对话框。

②选择"Map Layers"列表中的图层，使用右向箭头将其添加到"Legend Items"中。选择"Legend Items"列表中的数据层，通过向上、向下方向箭头调整图层顺序，也就是调整图层符号在图例中排列的上下顺序，如图 4-68 所示。

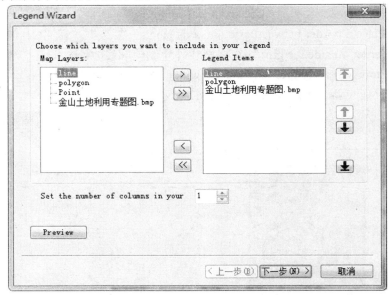

图 4-68　Legend Wizard 对话框

③在"Set the number of columns in your legend"对话框中输入"2"，确定图例按照两行排列，点击"下一步"。

④在"Legend Title"中填入图例标题，在"Legend Title font properties"选项组中可以更改标题的颜色、字体、大小以及对齐方式等，点击"下一步"。

⑤在"Legend Frame"选项组中更改图例的边框样式、背景颜色、阴影等。完成设置后点击"Preview"预览按钮可以在版面视图上预览到图例的样子。

⑥点击"下一步"，选择"Legend Item"列表中的图层，在"Patch"选项卡设置其属

性：width（图例方框宽度）：26.00；Height（图例方框高度）：14.00；Line（轮廓线属性）和 Area（图例方框色彩属性）。点击"Preview"按钮，可以预览图例符号显示设置效果，点击"下一步"。

⑦设置图例各部分之间的距离。Title and Legend items（图例标题与图例符号之间的距离）：8.00；Legend items（分组图例符号之间的距离）：5.00；Columns（两列图例符号之间的距离）：5.00；Headings and Patches（分组图例标题与图例符号之间的距离）：5.00；Labels and Descriptions（图例标注与说明之间的距离）：5.00；Patches Vertically（图例符号之间的垂直距离）：5.00；Patches and labels（图例符号与标注之间的距离）5.00。点击"Preview"按钮，可以预览图例符号显示设置效果。点击"完成"按钮，关闭对话框，图例符号及其相应的标注与说明等内容放置在地图版面中。

⑧点击刚刚放置的图例，将其拖放到更合适的位置。如果对图例的图面效果不太满意，可以点击图例，双击左键，打开"Legend Properties"对话框进一步调整参数。

7）比例尺的放置与修改。地图上标注的比例尺有数字比例尺和图形比例尺两种，数字比例尺非常精确地表达地图要素与所代表的地物之间的定量关系，但不够直观，而且随着地图的变形与缩放，数字比例尺标注的数字是无法相应变化的，无法直接用于地图的量测；而图形比例尺虽然不能精确地表达制图比例，但可以用于地图量测，而且随地图本身的变形与缩放一起变化。由于两种比例尺标注各有优缺点，所以在地图上往往同时放置两种比例尺。

图形比例尺放置步骤如下：

①在"ArcMap"窗口菜单条上点击"Insert"下的"Scale Bar"命令，打开"Scale Bar Selector"对话框，如图 4-69 所示。在比例尺符号类型窗口选择比例尺符号：Alternating Scale Bar1。

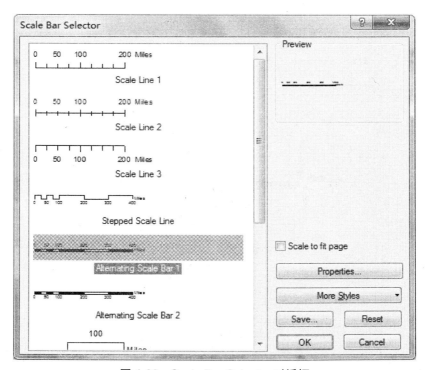

图 4-69　Scale Bar Selector 对话框

②点击"Properties"按钮，打开"Alternating Scale Bar"对话框，点击"Scale and Units"标签，进入"Scale and Units"选项卡，输入适当的"Number of Divisions"（比例尺分划数量）和"Number of Subdivisions"（比例尺细分数量）参数。

③点击"OK"（确定）按钮，关闭"Alternating Scale Bar"对话框，完成比例尺设置。

④点击"OK"按钮，关闭"Scale Bar Selector"对话框，初步完成比例尺放置。

⑤任意移动比例尺图形到合适的位置。

⑥在上述放置比例尺符号的过程中，只对比例尺符号类型、单位、分划等进行了设置，如果需要对比例尺的数字标注与分划符号进行设置，则需点击比例尺符号，右键选择"Properties"命令，在弹出的对话框中做进一步编辑。

放置数字比例尺步骤如下：

①在"ArcMap"窗口主菜单条上点击"Insert"下的"Scale Text"命令，打开"Scale Text"对话框；

②在系统提供的数字比例尺类型中选择一种；

③如果需要进一步设置参数，点击"Properties"按钮，打开"Scale Text"对话框。首先确定比例尺类型（Style）：Absolute 或者 Relative，如果是 Relative 类型，还需要确定 Page Unit 和 Map Unit。设置完成后，点击"OK"（确定）按钮，比例尺参数；

④点击"OK"按钮，关闭"Scale Text Selector"对话框，完成数字比例尺设置；

⑤移动数字比例尺到合适的位置，调整数字比例尺大小直到满意为止。

8）指北针的设置与放置。

①在 ArcMap 窗口主菜单条上点击"Insert"下的"North Arrow"命令，打开"North Arrow Selector"对话框，如图 4-70 所示。

图 4-70　North Arrow 对话框

②在系统提供的指北针类型中选一种。这里选择默认类型。

③如果需要进一步设置参数，点击"Properties"按钮。打开"North Arrow"对话框，确定指北针的大小（Size）：72；确定指北针的颜色（Color）：黑；确定指北针的旋转角度（Calibration Angle）：0。设置完成后，点击"OK"（确定）按钮。

④点击"OK"按钮，关闭"North Arrow Selector"对话框，完成指北针放置。

⑤移动指北针到合适的位置，调整指北针大小直到满意为止。

9）地图输出。

ArcMap 地图文档是 ArcGIS 系统的文件格式，不能脱离 ArcMap 环境来运行，但是 ArcMap 可以将地图导出为多种符合行业标准的文件格式。EMF、EPS、AI、PDF 和 SVG 称为矢量导出格式，因为这些文件既包含矢量数据又包含栅格数据。BMP、JPEG、PNG、TIFF 和 GIF 称为图像导出格式，这些属于栅格图形文件格式。以输出 JPEG 格式为例，操作步骤如下：

①在 ArcMap 窗口标准工具条点击"File"下的"Export Map"命令，打开"Export"对话框；

②确定输出文件目录、文件类型（JPEG），文件名称；

③在"Options"选项组的"General"选项卡"Resolution"微调框内设置输出图形分辨率：300；

④在"Format"选项卡"Color Mode"选择"24-bit True Color"，调整输出图形质量；

⑤点击"Save"（保存）按钮，关闭"Export Map"对话框，输出栅格图形文件。

（6）成果展示。绘制完成的金山地区土地利用专题图如图 4-71 所示。

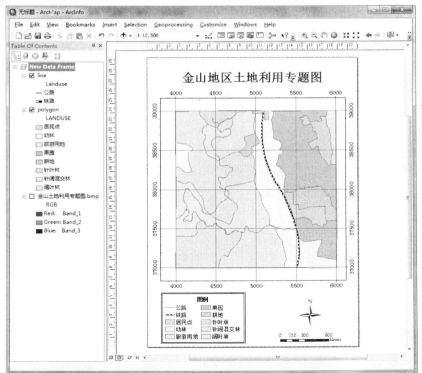

图 4-71 金山地区土地利用专题图

4.3.3 MapInfo 制图实习

4.3.3.1 实习目的

通过实习操作，掌握 MapInfo 操作基础以及制作专题图的基本方法与步骤。

4.3.3.2 实习内容

（1）熟悉 MapInfo 工作界面，包括 MapInfo 窗口、地图窗口、浏览地图、版面窗口、统计图窗口的功能和设置等。

（2）以制作山东省政区图为例，学习使用 MapInfo 软件制作专题图的基本方法与操作步骤。

4.3.3.3 仪器、设备、资料

计算机、MapInfo 7.X 以上软件、山东省政区图（纸质地图）。

4.3.3.4 实习过程与指导

MapInfo 的专题图制作过程主要分为四个阶段：准备工作、矢量化、属性数据的录入与编辑、地图布局与输出。

（1）准备工作。

1）纸质地图扫描成栅格图像。通过扫描仪将纸质地图扫描成栅格图像。扫描完成后最好使用图像处理软件对图片进行修复和增强，提高图片的质量。

2）配准栅格文件。由于扫描栅格图不具备空间参考信息，所以在矢量化之前，需要先对栅格图进行配准，以便使 MapInfo 在显示每一层矢量图像时能准确定位，并完成地理计算。

①选择"文件→打开表"，从"文件类型"下拉列表中选择"栅格图像"。

②选中要打开的栅格图像文件并选择"打开"。MapInfo 显示"图像配准"对话框，选择"配准"，该栅格图像的一个预览出现在对话框的下半段。

③通过选择"投影"按钮并完成"选择投影"对话框（图 4-72）来设定该图像的地图投影。本次实习所使用的山东省政区图的坐标系统是 WGS84，在类别项里找到 Longitude/Latitude（WGS84）[EPSG：4326]，双击即可。

④把鼠标移到对话框下半段的预览图像上，并移到一个已知地图坐标的点，点击鼠标左键，弹出"增加控制点"对话框（图 4-73）。

图 4-72 "选择投影"对话框

图 4-73 "增加控制点"对话框

⑤通过输入对应于地图图像上点击位置的地图坐标，完成控制点坐标设置，选择"确定"。

⑥重复步骤④和⑤，直到输入最少 4 个控制点。当控制点增加到 4 个时，图像配准对话框中出现配准误差值，如果误差太大，则重新采集控制点，或编辑控制点坐标，直到满意为止。

（2）矢量化。

在开始矢量化之前，需要创建表来放置地图对象。

1）表的相关操作

①新建表

a. 选择"文件"→"新建表"，弹出"新建表"对话框，如图 4-74 所示。

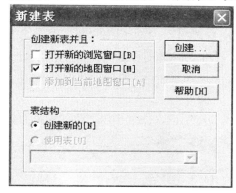

图 4-74　"新建表"对话框

b. 选中"添加到当前图层"和"打开新的浏览窗口"，点击"创建"。

c. 显示"新表结构"对话框（图 4-75），在此对话框中定义表的结构，建立字段并确定字段的长度和类型。使用"上"及"下"按钮可以改变字段的顺序。

图 4-75　"新表结构"对话框

d. 点击"创建",输入新文件名。

②修改表结构

如果需要增加或删除字段,修改字段的长度和类型,选择"表"→"维护"→"表结构"。

③紧缩表

选择"表"→"维护"→"紧缩表",该命令将优化文件,使文件占用更小的空间。

④重新命名表

表可以重新命名,但是,由于一个表结构包括许多文件,重新命名每一个文件是非常烦琐的工作。为此,MapInfo 提供这项功能。选择"表"→"维护"→"重新命名表",表结构中的所有相关文件都被重新命名。

2)录入点、线、面、注记数据

地图数据的采集流程:打开表并使需要录入数据的图层处于可编辑状态;然后录入图形目标。

①输入点目标

点击 ✎ 打开"符号样式"对话框(图 4-76),设置点符号、符号大小和符号颜色。

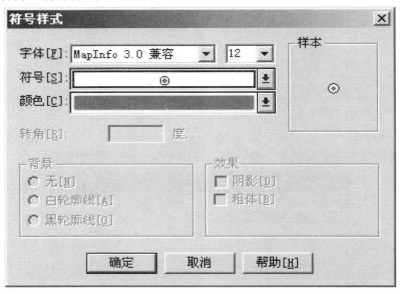

图 4-76　符号样式对话框

点击 ✎ 后,以图像为背景,点击鼠标加点状目标。

②输入线目标

a. 点击 ✎ 打开"线样式"对话框(图 4-77),设置线符号、符号宽度和符号颜色。

b. 点击 ✎ 后,以图像为背景添加直线。操作方法:点击左键并拖住不放,在另一处释放,即可绘制直线。若在拖曳的同时按住"Shift"键,则只能画出水平、垂直或 45°倾斜的直线。

c. 点击 ✎ 后,以图像为背景添加曲线。操作方法:点击左键并拖住不放,在另一处释放,即可绘制曲线。若在拖曳的同时按住"Shift"键,则能画出恰好 1/4 圆的曲线。

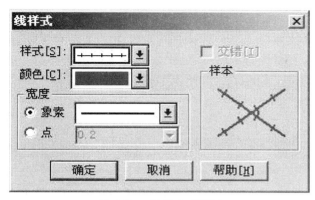

图 4-77　线样式对话框

　　d. 点击⌐后，以图像为背景添加折线。操作方法：在起点处点击，拐点处点击，终点处双击。

　　③输入面目标

　　a. 点击█打开"区域样式"对话框（图 4-78），设置面符号的前景符号和颜色，以及背景符号和颜色后，可分别添加多边形、圆形和矩形。

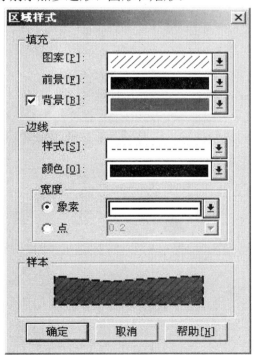

图 4-78　区域样式对话框

　　b. 点击█后，以图像为背景添加多边形。操作方法：在起点处点击左键，依次在多边形边界的拐点处点击左键，在边界终点处双击即可。

　　c. 此外还可添加圆●、矩形■、圆角矩形■等。操作方法：在点击相应工具后，点击左键并拖住不放，在另一处释放，即可绘制想要的面状目标。

④输入注记

a. 点击 $A^?$ 打开"文本样式"对话框（图 4-79），设置注记字体、大小和颜色；

b. 点击 A 后，以图像为背景就可添加注记。

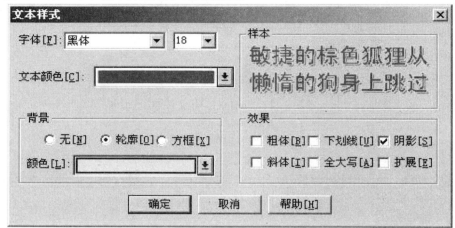

图 4-79　文本样式对话框

⑤录入技巧

a. 线目标连接

在数字化线目标时，如果一条线对象未输入完而中断，既可从起始点重新输入该弧段，也可先分段输入剩余的弧段，然后选中断开的弧段再连接。方法如下：

选中断开的弧段，点击"对象"→"抓取/抽稀"，在对话框"节点抓取抽稀"设置中标示"允许节点抓取"，再设置容限值和单位。注意：设置的容限值适中才会得到预期的结果。

继续点击"对象"→"合并"命令，将两条相邻的无间隙弧段连接成一条弧段，如图 4-80 所示。

图 4-80　使用合并命令连接线目标

b. 公共边输入

公共边界要重复数字化，为了使数据更加精确，对于公共边界要局部放大并且激活节点匹配方式：选择"选项"→"参数设置"，显示"参数设置"对话框；点击"地图窗口"，在对话框的"Snap tolerance"（抓取距离）部分，设置捕捉范围为 20 个像素点；点击"确定"，应用设置。

按键盘上的 S，激活对齐模式，状态条显示出 SNAP，绘制新节点时将自动匹配。节点是否匹配的判断标志是鼠标光标是否变成了很大的空心十字丝。这样数字化得到的相邻区域的公共边是完全重合的。

　　在激活节点匹配方式的状态下，使用折线或多边形工具后，移动光标到 A 点点击鼠标，按下"Shift"键或"Ctrl"键，移动光标到 C 点点击鼠标，则自动完成与原线完全重叠的短边线 a，或长边线 b，如图 4-81 所示。

图 4-81　公共边输入

（3）属性数据的录入与编辑。

　　点击主工具箱上的 🛈 信息工具，然后在选中对象上任意一点点击，则弹出信息工具对话框（图 4-82）。然后在文本栏中输入相应的属性值。

图 4-82　信息工具对话框

　　小技巧：在点击 🔳 后，用鼠标双击地图目标可查询该目标的一些空间信息。图 4-83 是双击区域目标后，获取的一些信息。

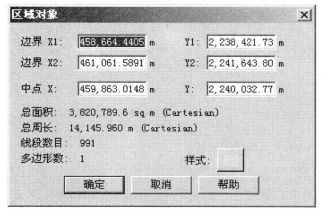

图 4-83　区域目标的属性信息查询

编辑完成后的地图如图 4-84 所示。

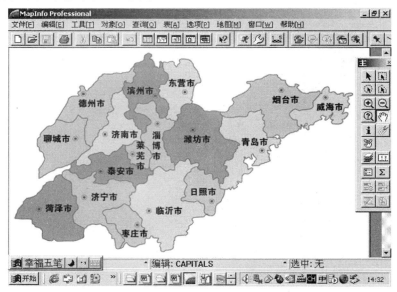

图 4-84　编辑完成后的地图

（4）地图整饰。

1）插入比例尺。

①加载比例尺工具：在"工具"菜单中选择"工具管理器"，出现"工具管理器"对话框，在"工具"中选择比例尺，将"已装入"和"自动装入"选中，确定后出现比例尺工具条。

②画比例尺：点按比例尺工具，激活地图窗口，在需要画比例尺的地方点击，出现"在地图上生成长度比例尺"对话框（图 4-85），将单位改为"公里"，可以修改字体与字号，点击"确定"。

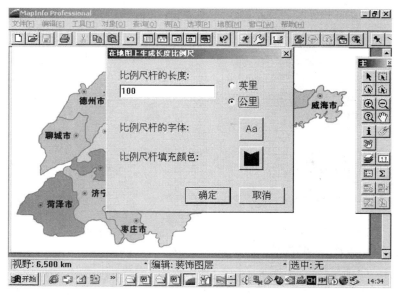

图 4-85　"在地图上生成长度比例尺"对话框

③添加比例尺后的地图，如图 4-86 所示。

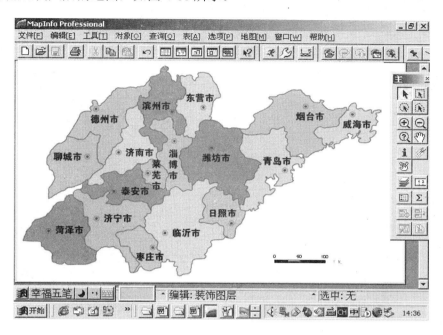

图 4-86　添加比例尺后的地图

2）地图布局。

①在"窗口"菜单中选择"新建布局窗口"，再选择"一个窗口的框架"，如图 4-87 所示。

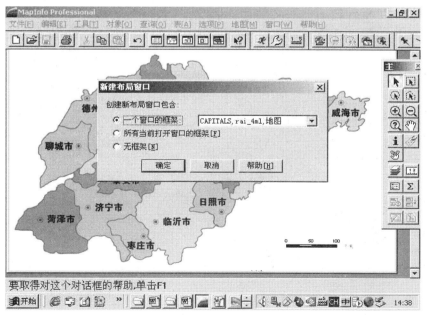

图 4-87　"新建布局窗口"对话框

②进行页面设置：A4、横向，页边距各为 10mm，图 4-88 是设置完成后的视图。

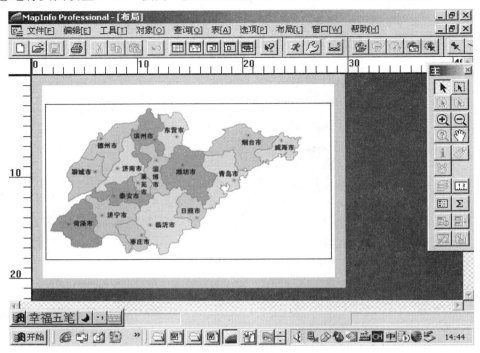

图 4-88　页面设置

③插入标题"山东省政区图"，布局完成，如图 4-89 所示。

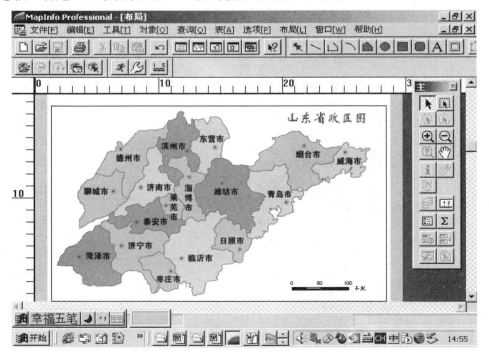

图 4-89　山东省政区图

（5）地图输出。

将山东省政区图输出为图像文件，操作如下：

①将工作空间里内容调整到合适的比例，"文件"菜单中选择"保存工作空间"；

②在"文件"菜单中选择"另存窗口"，出现"另存窗口"对话框，可以设置图像文件的尺寸，点击"保存"；

③输入文件名与存放路径，点击"确定"即可。

4.3.4　CorelDRAW 制图实习

4.3.4.1　实习目的

了解 CorelDRAW 的界面及在地图制图的应用。

4.3.4.2　实习内容

（1）熟悉 CorelDRAW 软件的各种功能。

（2）用 CorelDRAW 软件制作一幅规划地图。

4.3.4.3　仪器、设备、资料

计算机、CorelDRAW 软件、吉林市街区图（纸质地图）。

4.3.4.4　实习过程与指导

CorelDRAW 制作专题图的步骤包括原图扫描、地图要素的绘制、地图符号的设计与制作、文本处理等。由于它不是专业地图制图软件，缺少投影与坐标系统以及地图属性库，对于精确制图、地图量测、空间分析以及比例尺的操作比较困难。

（1）原图扫描。

首先需建立工作底图，即把原图扫描成位图格式文件。扫描分辨率根据资料图的尺寸与成图尺寸的比例关系而定，资料图的尺寸小，成图尺寸大，则扫描分辨率要大，反之则小（但最小不能小于 72dpi 的屏幕分辨率）。一般情况下可以定在 300dpi。分辨率越大，清晰度越高，同时也越容易导致文件过大，计算机负担过重。文件过大时可以压缩成*.arj 格式或转用*.jpg 格式存储，以便数据的传输。如果资料是彩色图，应将图像模式以 8 位 256 色的引索模式存储，不必用 24 位的真彩色模式存储，这样可以大大缩小文件的大小。

原图扫描前需要在适当的地方绘出直线比例尺，以省去编图过程中因图形缩放而导致的比例尺推算工作。

扫描后的吉林市城区地图如图 4-90 所示。

（2）建立 CorelDRAW 工作空间。

1）建立一个新的绘图文件。设定各种绘图参数，包括页面设置、编辑精度、显示设置、长度单位设置和图形输出设置等。

2）导入底图文件并确定制图范围。确定制图范围的方法有三种：

①扫描前裁去图廓外内容；

②扫描后用裁剪功能裁去图廓外内容；

③用 CorelDRAW 工具框里的矩形工具暂时框出制图范围，这种方法最为方便，而且留有扩充余地。

图 4-90　吉林市城区扫描图

3）建立绘图图层。图层设置合理与否对绘图作业效率有很大影响。图层的多少应以方便为原则，分层过多有时也会带来麻烦。

图层应按照绘图顺序来建立，原则是面积色在下，符号和线划在上。最下层为底图图层，然后向上依次是图廓及区域（水面和政区）填充图层、街区色图层、线划图图层、注记和符号图层等，还可以根据颜色再细分。

图层的顺序可以通过"对象堆积次序"功能进行设置，"对象堆积次序"功能可以从"排列"菜单里的"顺序"下拉子菜单中调出。在"顺序"下拉子菜单中，共有几种不同的方式可改变对象的堆叠次序，如图 4-91 所示。

4）锁定底图。将原图置于文档窗口的中央，然后锁定原图，以防在作业过程中无意被移动。

锁定和解锁功能可以在选中要锁定（或解锁）的对象后，在对象上点击右键，在弹出的对象菜单里选择"锁定对象"（或"对象解锁"）命令进行操作。对象锁定后就不能再编辑了，要再编辑就需要解除锁定。

在地图制图中经常用到锁定功能，如锁定某个要保留的对象后，可以用框选法删除其他对象。

图 4-91 改变对象的堆叠次序

（3）绘制地图。

CorelDRAW 绘制地图最常用的工具有"贝塞尔曲线""绘线工具""节点编辑工具""轮廓线对话框"和"填充色对话框"，其他工具起辅助作用，具体作业程序和方法如下：

1）用 CorelDRAW 工具框里的矩形工具绘出图廓线。

2）地图要素的绘制。

①水系的描绘。水系属于面域图层的一种，在 CorelDRAW 软件中的绘制过程包括面域的生成和颜色的填充两部分。一般先利用画笔工具根据底图绘出封闭的曲线，再利用其标准填色、渐变填充、底纹填充等面域填充功能，实现地图的各种用色效果。

绘制前应在"轮廓线对话框"和"填充色对话框"里确定线条线型、宽度和颜色等属性。用"贝塞尔曲线"工具跟踪绘制底图中松花江水系，河流遇到桥梁和水闸等人工地物时应封闭并平行于桥梁或水闸两侧，绘制结果如图 4-92 所示。

②街区的描绘。用 CorelDRAW 绘制街区的方法很多，高效的绘制方法有两种：

第一种方法是先用轮廓笔绘出不同路宽的街道，拷贝到另外的图层上，并将其换成较原线条窄的白色线条，成为双线街道网，然后用矩形绘图工具或绘线工具绘出色块范围，填色后变成街区普染色。在地图制图中，这是最常用的方法。

第二种方法是利用"自然笔工具"绘出相互交叉的街道，再用"焊接"功能变成双线街道网，填色后也可成为街区。

本实习使用粉红色表示住宅区，绿色表示植被区域，黄色表示工矿区，如图 4-93 所示。

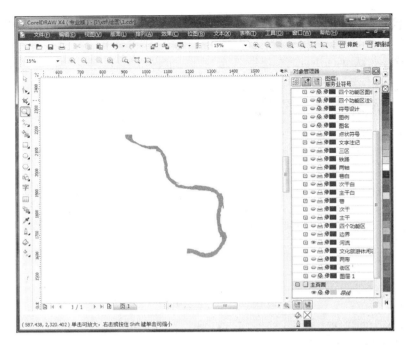

图 4-92　水系的描绘

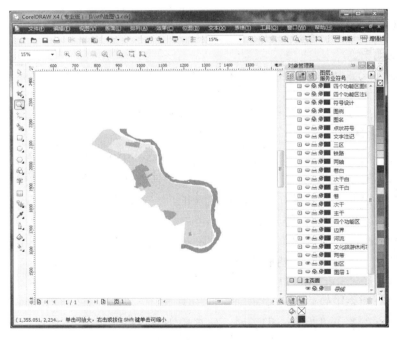

图 4-93　街区的描绘

③绘制道路网。主要采用的方法如下：

首先利用绘线工具绘制主干道、次干道和街巷，选用线颜色为黑色，线宽依据道路等级依次减小，存储在不同图层中，分别命名为主干、次干和巷，如图 4-94 所示。

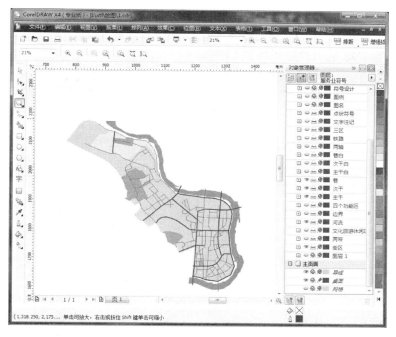

图 4-94　道路网的绘制

　　将这 3 个图层复制并粘贴，修改线颜色为白色，并将线宽各减 0.2mm，存储为新的图层，命名为主干白、次干白和巷白，设置堆积次序在上一步 3 个图层之上，将这个图层进行显示，得到的效果如图 4-95 所示。

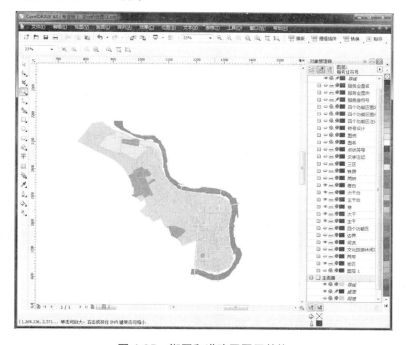

图 4-95　街区和道路网图层整饰

经过以上操作，街区和道路网就绘制完毕了。接下来用虚线线型绘制铁路（绘制前先隐藏之前绘制的图层），用面状符号填充河边的植被，这样一个基本的地图框架就已经绘制完成了，如图4-96所示。

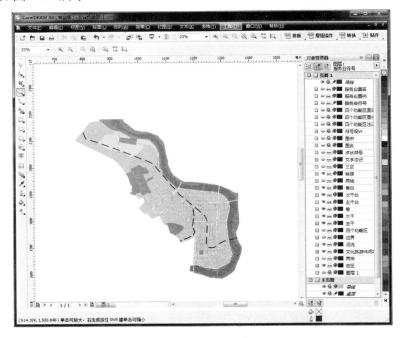

图4-96　绘制完成的地图框架

3）地图符号的设计与制作。

①点状符号。点状符号按其形状分为几何符号、字母符号、象形符号和美术符号等，为使地图符号设计美观，符号设计时要遵循方圆、挺直、齐整、对称、均匀等原则。

CorelDRAW中创建点状符号较为简单，一般而言，方形采用矩形工具绘制，圆形采用圆形工具绘制，弧线段可采用绘制圆形后利用图形编辑工具进行修剪取得；使用图形编辑工具中的焊接、修剪、交叉等功能对图形编辑后，能够绘出任何想得到的图形。

点状符号的入库方法有两种：一种是创建符号后，通过字体方式调用，这种方法对符号的要求比较严格，在现实生产中较为少用；比较常用的方法是把做好的符号放置在一个专门的点状符号库，应用"工具"→"收集簿"→"浏览"功能直接移入后，通过变形进行大小调整即可。

如果要对图上同一种符号的颜色和大小及轮廓线进行修改，只要选取其中一个符号，然后在"查找和替换"功能里查找到相同的所有符号，改变符号某一属性，图面上的所有符号就跟着改变。对于图上类似符号，如学校、医院、宾馆等，也可以将一个符号作为母体，通过"克隆""仿制"，再用"再制"的方法，只要改变母体的大小或颜色，其他相同的符号也同时跟着改变，从而达到符号统一改动的效果。

②线状符号。地图中线状符号很多，有些符号还很复杂，如地形图中的铁路、陡坎、城墙、境界符号等。CorelDRAW不是地图绘图的专用软件，除了实线和虚线或点划线外，其他线状符号都要进行编辑。编辑的方法有两种：一种是轮廓线组合编辑法，另一种是符

号适合路径编辑法。

轮廓线组合编辑法主要是通过两种以上不同线型叠加形成各种线型，举例说明如下：

a. 双线道路的绘制。先绘出一条实线，然后原地复制该线，并将复制线线宽改窄，颜色改为白色或与原实线不同的色，就成了双线道路。

b. 双虚线路的绘制。双虚线路和双线路的绘法大致相同，所不同的是，路边线（第一条线）是虚线线型，复制线要改为实线。

c. 铁路的绘制。铁路同样是两线组合，但铁路的复制线应该是一条白颜色的虚线线型。

上述方法只适用于相对简单线型符号的编辑，对于很多相同符号组成的复杂线型符号可以采取适合路径编辑法来绘制。适合路径编辑法实际上是利用文本适合路径的注记功能，将组成线状符号的单元采用点状符号绘制入库的方法，将其当成一个文字串形式存在"FONTS"中，只要事先绘好一条路径线（线型骨架线），然后执行适合路径注记命令，敲击任何一个键，其线型符号会自动沿路径连续排列，组成一种线状符号，而且该符号的大小、间距、粗细、颜色以及垂直和水平方向位置，都可以任意调整。城墙和境界符号是计算机绘图中最难绘的符号，用适合路径编辑法就变得相对容易。

③面状平铺符号。平铺符号是地图制图中用得较多的一种符号，房屋晕线、草地、旱地、沙地等面状平铺符号，在 CorelDRAW 里都可以自行设计并进行图案填充。以房屋晕线填充为例：

a. 首先绘制居民地轮廓范围线。

b. 选中"图样填充"对话框，在图样库中找出晕线符号式样，输入属性参数，如图样高度、宽度、倾斜角度，旋转角度，调整晕线的角度、粗细及间隔；对话框左下角还有"填充与对象一起变换"按钮，如果激活该按钮，那么其晕线间隔将随对象比例的缩放而变化。对话框右上角有两个按钮可调晕线的颜色，点击"前部"按钮，弹出颜色选择框，可以把晕线的颜色设定成和房屋边框一样的值。

c. 将上述参数设为缺省值，其他相同居民地轮廓线绘好后就能自动生成晕线，但轮廓线必须是封闭的。其他如旱地、沙地、草地、沼泽地等符号绘制方法也大致相同。

④地图图廓花边图案。图案花边能美化地图作品，尤其是挂图，几乎都要绘制图廓花边，但是计算机制图软件并没有专门绘花边的功能，一般情况下也都是采取复制的方法将一个符号复制成条形图案，但工作量很大。CorelDRAW 软件里有两种方法可以用来绘制图廓花边：第一种是前面介绍过的面状符号的平铺方法，第二种是将符号入库后作为字符敲注，并用"适合路径注记的方法"编辑。采用第二种方法，只要点击外图廓线，并打开"使文本适合路径"的选项，然后从符号库中选择一个单元符号，连续敲任何键，符号便会自动沿着外图廓线均匀排列。也可以直接在内图廓线上排列，然后利用状态栏上的距离调整功能自由调整图廓花边到内图廓之间的距离。具体方法如下：

a. 在"格式化"文本对话框里确定符号字体、大小和字符间距比值（字符如果紧靠，那么比值大约为-10%）；

b. 用任意键连续敲出两排符号（水平方向与垂直方向），然后将两排接成直角形，使它的长宽等于图廓花边长的 1/2（即 1/4 个图廓花边）；

c. "镜像"复制右半个花边，再用垂直"镜像"复制下半个花边，这种用"镜像"复制而成的图廓花边最大的优点是上下左右对称，4 个折角图形完全一样，尤其适用于有朝向性的图案。

4）地图符号绘制完成后，再使用文字工具添加注记、图名和图号，一幅简单的规划示意图就完成了，最终效果如图 4-97 所示。

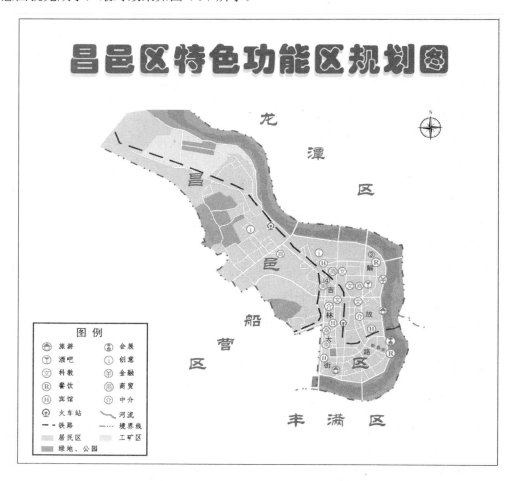

图 4-97　昌邑区特色功能区规划图

4.3.5　SuperMap 制图实习

4.3.5.1　实习目的

熟悉 SuperMap Deskpro 6 软件制作专题图的一般过程。

4.3.5.2　实习内容

（1）熟悉利用 SuperMap 软件进行空间数据输入与编辑过程，包括地图扫描、栅格文件的矢量化、数据编辑等。

（2）掌握 SuperMap 地图布局与输出基本过程，包括图名、图例、比例尺、指北针的绘制。

4.3.5.3　仪器、设备、资料

计算机、SuperMap 软件、金山地区土地利用现状图（野外调查图，即作者原图）。

4.3.5.4　实习过程与指导

一般来说，使用 SuperMap 软件制作专题图包含两大步骤：数据输入与编辑、地图布局与输出。

下面以野外填绘的金山地区土地利用原始草图（作者原图）为底图，详细介绍使用 SuperMap 软件制作地图的整个流程及在制图过程中需要注意的问题。

（1）数据输入与编辑

数据输入与编辑包括纸图扫描、在 SuperMap 中导入和新建数据集、栅格配准、栅格文件矢量化、属性数据编辑等。图 4-98 为数据输入与编辑流程图。

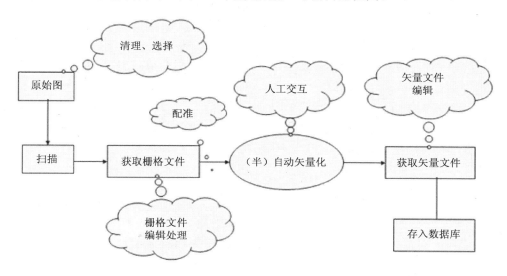

图 4-98　数据输入与编辑流程

1）纸图扫描。通过扫描仪扫描图纸形成栅格数据。扫描后的栅格数据一般存储为 TIFF 格式或 BMP 格式，扫描完成后最好使用图像处理软件（如 Photoshop）对栅格数据进行预处理（包括分类、去噪声、矫正等），提高栅格图像的视觉效果与质量，以便提高矢量化的质量及效率。图 4-99 为野外填绘出的金山地区土地利用原始草图。

2）在 SuperMap 中导入和新建数据集。

①SuperMap 快速启动向导。

进入 SuperMap 后，系统会自动弹出一个快速启动向导，提供多个步骤提示帮助用户新建/打开工作空间、数据源等。下面对各个步骤进行说明。

a. 在"新建/打开工作空间"对话框中选择"新建工作空间"，点击"下一步"。

b. 在"符号库"对话框中选择合适的符号库。系统默认为国标标准地形图符号库（1∶500），点击"下一步"。

c. 在"新建/打开数据源"对话框中选择"新建数据源"，点击"下一步"，弹出"新建数据源"对话框，如图 4-100 所示。

d. 在数据源类型栏选择"SDB 数据源"。指定创建的 SDB 数据源的保存路径、文件名称，为数据源设置别名、密码和坐标系。设置完成后，点击"保存"按钮，完成操作。

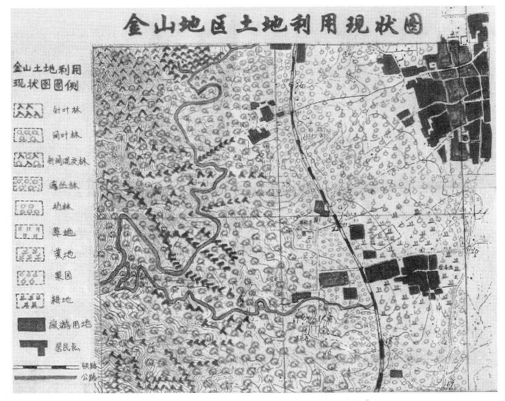

图 4-99　金山地区土地利用现状草图（作者原图）

图 4-100　"新建数据源"对话框

e. 在"数据集"对话框中选择"导入数据集"，点击"添加文件…"按钮，导入金山地区土地利用现状图。操作完成后，在列表框的状态列将会提示相应的文件是否导入成功，并在输出窗口显示原来外部格式数据是否已导入。

f. 设置完成后，进入 SuperMap Deskpro 界面。

②创建新数据集。

a. 鼠标右键点击刚才创建的"数据源"→"新建数据集"，创建数据集。创建的数据集分别是铁路（线状要素）、公路（线状要素）、土地利用（面状要素）。

b. 在工作空间管理器窗口中，在数据集名称上点击鼠标右键弹出快捷菜单，然后选择"属性"，打开属性对话框，在矢量表结构页里新建字段，设置字段名称、字段类型、字段长度及其他各种相关参数（如 Landuse，文本型，用于记录土地利用类型）。

3）栅格配准。

已导入进来的栅格数据是没有空间位置的，为了对其赋予实际地物空间的位置，需要对其进行配准，使其坐标准确，同时配准也可以纠正扫描时由于各种因素引起的图形变形。

①选择菜单"数据处理"→"配准"→"新建配准窗口…"，在弹出的对话框中选择配准图层和参考图层，然后在配准图层和参考图层上分别选取相应的控制点进行配准。

②如果没有参考图层，也可在配准图层上选取控制点，根据已知的地图坐标进行配准。选择菜单"工具"→"配准"→"新建配准窗口…"，弹出"配准"对话框。由于现在没有这个图的矢量数据，因此参考图层应该是空白，点击"确定"进入配准界面。

③在配准图的左上角刺一个点，然后在底部配准数据窗口中双击第一栏（若是第二个点则双击第二栏，依此类推），弹出一个"控制点输入对话框"，在参考点编辑框中输入原图的矢量坐标，按"确定"即定下第一个点，随后其他 3 个角点可作同样的操作。刺点时应按照一定的顺序来进行，如逆时针或顺时针，以防止漏点。

④刺点操作完成后，点击工具栏上的计算误差按钮，计算原图和目标图上相对应点的误差，在配准数据显示条上列出了各点的误差。在配准数据显示条上点击鼠标右键，在弹出的快捷菜单中选择子菜单"保存数据为文件…"，在对话框中指定文件名和路径即可将控制点信息保存为文件。这样在配准同系列的矢量数据集时不需要再指定控制点信息，只需载入已保存的 DRF 文件即可。

⑤在刺点和计算误差之后，如果误差在允许范围之内，则可选择配准方法，再点击配准操作工具栏上的"配准"按钮，就会进行配准操作。而对于没有参考图层，而且 4 个点只有经纬度坐标的栅格图来说，应该在配准之前，用转换坐标点菜单（选择菜单"数据处理"→"投影变换"→"转换坐标点"）将纸图的 4 个角点的地理坐标转换为投影坐标，然后再进行以上的配准。

⑥配准之后得到的结果数据集将作为屏幕矢量化的底图。

影像的纠正精度与地面控制点的精度、数量、分布有关。控制点的精度会直接影响影像配准的精度，所以应当选择精度较高的控制点。一般来说，适当增加控制点的个数，可以明显提高影像配准的精度，但过多的控制点并不能有效提高影像配准的精度，只会增加控制点筛选的复杂度，因此选用控制点的个数应根据实际情况适当选择。控制点的分布也会影响影像配准的精度，如果控制点集中在某一区域，只会反映该区域的变形趋势，而不能反映整个图像。因此应当选择分布均匀的控制点，这样可以提高纠正精度。并且控制点不能都分布在 X 或 Y 方向的同一条直线上；在矩形配准时，最好选择图形对角的两点；在线性配准时，控制点必须分布在不少于两条不同方向的直线上；多项式配准时，控制点必须分布在不少于 3 条不同方向的直线上。在选择控制点时，应将比较重要的点定为控制点，而其他相对次要的位置则通过拉伸进行配准。

如果地图比较大，往往需要分成几幅扫描，可以将几幅栅格图导入已创建的数据源之后，再对它们进行栅格数据镶嵌的操作（选择菜单"数据处理"→"栅格数据集镶嵌…"），将它们合并成原来的一幅地图之后再进行配准。

4）栅格文件矢量化。

①栅格自动矢量化。

如果栅格数据的线条清晰简洁，则不需要进行二值化处理，否则需要通过栅格代数运算（选择菜单"分析"→"栅格分析"→"栅格代数运算"）进行二值化处理：首先观察栅格数据中线条与背景值的差异，设定阈值，例如，若所有线条的栅格值大于 128，背景值小于 128，则可以通过栅格代数式 Con（figure > 128，1，0）将背景值和线条值二值化处理为 0 和 1。

a. 选择菜单"数据处理"→"栅格全自动矢量化"，弹出"栅格自动矢量化"对话框（图 4-101）。

图 4-101　栅格自动矢量化对话框

b. 在"源数据"区域选择需要矢量化的栅格数据集，对于进行了二值化处理的栅格数据，需要选择二值化处理后的数据集。

c. 在"结果数据"区域选择结果数据集要保存的数据源，选择结果数据集类型（可以是点数据集、线数据集、面数据集），为生成的结果数据集命名，并设置一个字段来保存栅格数据中的像元值。

　　d. 设置转换参数：

　　光滑方法。仅适用于矢量化结果数据集为线数据集时。用于去除提取的线数据上的锯齿，系统提供了两种光滑方法：B 样条法和磨角法。

　　光滑系数。用于设置提取的等值线上锯齿处的光滑程度，此数值越大越光滑。

　　过滤参数。去锯齿参数。参数越大，过滤掉的点越多。

　　无值数据。对 DEM 或 Grid 数据集，像元值为此设定值的单元格被视为无值数据，不参与矢量化过程。

　　背景颜色。对 Image 数据集，若遇到此种颜色的单元格，则将其视为背景色，不参与矢量化过程。

　　容限。设置背景颜色和无值数据的容限。对于 Image 数据集，选择了背景色后，数据集中若某个单元格的 RGB 值在此容限值内，则该单元格也被作为背景色。例如：若选择一种灰色（其 RGB 值分别为 100，100，100）作为背景色，此处设置容限值为 10，则 RGB 值在（100–10，100+10）之间的颜色均可作为背景色，对于进行二值化处理的栅格数据，容限值可以设置小一些；同理对于 DEM 或 Grid 数据集，数据集中若某个单元格的像元值在此容限值内，则该单元格也被作为无值数据。

　　只转换指定值。仅提取单元格值等于设定值的区域。

　　e. 点击"确定"按钮，完成操作。

　　②半自动跟踪矢量化。

　　栅格矢量化半自动跟踪包括跟踪设置、自动跟踪线、跟踪回退、自动跟踪面四个功能。下面以等高线图为例，详细介绍栅格文件矢量化的过程。为了方便操作，在进行矢量化前应先打开自动跟踪工具条（选择菜单"视图"→"工具栏"→"自动跟踪"），如图 4-102 所示。

图 4-102　自动跟踪工具条

　　a. 跟踪设置。导入影像文件并配准好后（同自动化跟踪的 1、2 步），将导入进来的栅格图和等高线数据集（必须是线数据集或 CAD 数据集）添加到当前的同一个地图窗口中，而且将线图层（复合图层）设为可编辑状态，激活跟踪设置按钮。

　　b. 点击"跟踪设置"按钮，弹出"栅格矢量化参数设置"对话框，从栅格底图下拉列表中选择要进行矢量化的影像地图数据作为矢量化底图；然后设置栅格底色和颜色容限，本例中选择栅格底色为白色，这样在矢量化跟踪过程中，系统将不会跟踪栅格图的底色；颜色容限亦即栅格图像颜色相似程度，RGB 颜色任一分量的误差不超过该容限值时都可以被认为是栅格底色，这里沿用系统默认的值：32；接下来设置光滑参数（过滤锯齿以后，折线每两点间插值点的个数）和过滤参数（去锯齿参数），输入合适的数值；最后，参数设置完毕，点击"确定"，"自动跟踪线"按钮被激活。

c. 点击"自动跟踪线"按钮，开始进行栅格矢量化。移动光标到需要跟踪的线段上，点击鼠标左键开始跟踪该线段。遇到线段端点，跟踪停止，等待下一步指示；点击鼠标右键进行反向跟踪，遇到另一个端点，跟踪停止；再次点击鼠标右键结束矢量化跟踪，跟踪线段完成。

d. 跟踪回退。自动跟踪一开始，"跟踪回退"按钮就被激活，如果在跟踪过程中对某些地方的矢量化不太满意，就可以选择"跟踪回退"按钮，移动鼠标回退到不满意的地方，点击鼠标左键确定，完成回退。如果点击鼠标右键，可以取消回退任务。一旦跟踪结束，跟踪回退按钮就随之被灰化，不再起作用。

e. 矢量化完毕后的等高线如图 4-103 所示。

图 4-103   半自动跟踪矢量化的等高线

③手动矢量化。

a. 在图例管理器中，选择矢量化图层（以线状地物为例）。

b. 在对象绘制工具栏中，选择矢量化工具。

c. 选好数字化起点，然后点击鼠标左键开始数字化，让鼠标"十字丝"严格沿境界线移动，选取图形特征点，点击左键采集坐标点；连续进行下去，直到线状地物的终点，双击左键结束数字化。

d. 数字化的过程中应同时编辑属性，选中步骤 c.中数字化的线，双击打开属性表，为 Landuse 字段添加适当的值。

e. 重复以上操作直到把地图上的所有边界绘制完成。

f. 面状地物的矢量化可以先用上述方法画出边界，再用线构面，编辑数据的属性信息。

g. 矢量化完毕后，成果如图 4-104 所示。

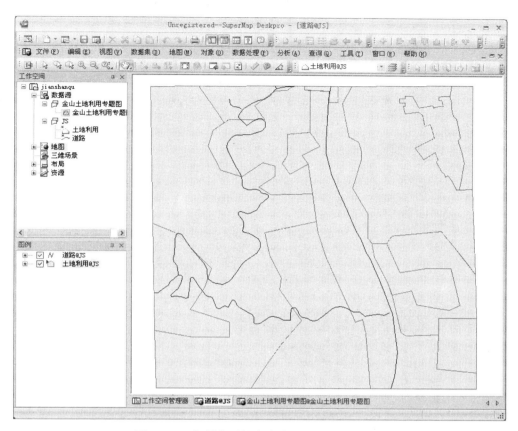

图 4-104 矢量化后的金山地区土地利用现状图

5）编辑修改。

①制作符号，设定不同的风格。为了使地图更加生动、规范、符合出版要求，需要制作不同的点状符号、线状符号和面状符号，建立符号库、线型库及填充库，对各图层进行编辑修饰。可通过对象风格工具栏、文本风格工具栏或者菜单"地图"→"风格设置"，改变各图层地理要素的风格，设置不同的线型、填充图形、前景颜色和背景颜色、不同的符号及不同文本类型等。

②检查错误。绘图工作中，由于操作人员的操作不当、计算误差或其他原因，会出现错误。因此需要对矢量图进行错误检查，如图形是否有遗漏，属性是否输入错误，绘制的图是否符合工程精度要求等，然后作出调整与修正。

③根据原纸图来调整各图层的层叠顺序。选择菜单"地图"→"图层控制…"，弹出对话框，选择需要调整的图层名称后，点击"上移一层""下移一层""移到顶层""移到底层"等 4 个按钮来调整图层的顺序。在图层控制对话框中可以对各个不同的图层设置显示比例尺，以使得地图在不同显示比例中有不同的显示内容。

④保存地图。对各图层进行修饰点缀及风格设置之后，就要将它们保存为一幅地图以打印输出，选择菜单"地图"→"保存地图…"，在弹出对话框中输入地图的名字即可。图 4-105 是符号化之后的金山地区土地利用现状图。

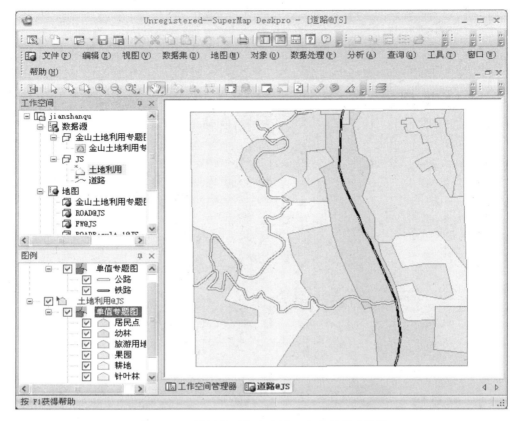

图 4-105　符号化后的金山地区土地利用现状图

（2）布局设置与地图输出

1）新建布局。

创建布局的过程就是将所需的布局元素添加到布局窗口中加以整理与修饰。布局元素包括一些地图元素（地图、比例尺、方向标、图例、专题图图例）、绘制元素（点、直线、折线、矩形、圆角矩形、椭圆和多边形）、标注元素（文本和艺术字）和其他相关元素（表格和图片）。

在工作空间管理器中右键单击"布局"，选择"新建布局窗口"。此时，会出现一个新的布局窗口。

2）布局窗口属性设置。

在布局窗口中单击右键，在弹出菜单中点击"布局设置"，打开"布局设置"对话框，如图 4-106 所示，其主要设置如下：

①显示标尺。在布局窗口的左边和顶部显示标尺，这有助于定位、设置大小和对齐布局元素。

②显示滚动条。选中该复选框，在布局窗口的右边和底部有滚动条，类似于地图窗口和浏览窗口。

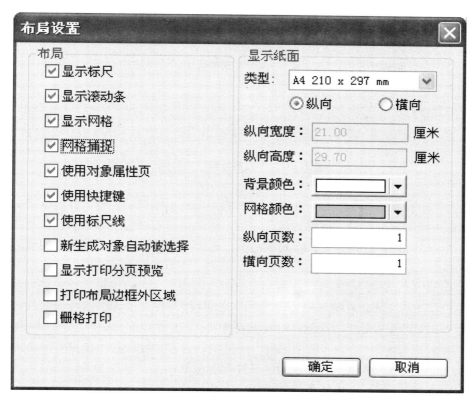

图 4-106　布局设置对话框

③显示网格。显示网格以便用户精确设置布局元素的位置，网格由实线和虚线组成，相邻的两条实线（两条虚线）之间间隔均为 4 个刻度格，缩放比为 100%时距离是 8mm，相邻的实线与虚线之间间隔 2 个刻度格，缩放比为 100%时距离为 4mm。在打印布局时，这些网格线是不会打印出来的。

④网格捕捉。在绘制布局元素（如点、直线等）时，往往将该布局元素捕捉定格在与鼠标位置相近的网格线相交处。只有选中了显示网格复选框，网格捕捉复选框才被激活。

⑤使用对象属性页。选中该复选框，则允许双击弹出属性对话框，就可以查看、修改任意布局元素的属性，包括元素所在的位置、风格、扩展属性等内容。在布局窗口中，双击任意布局元素，会弹出该元素的属性窗口。

⑥使用快捷键。设置在布局窗口中是否使用快捷键。

⑦使用标尺线。选中该复选框，可以从左边和顶部的标尺中拖出垂直和水平的标尺线。标尺线可以标识精确的位置，以便确定布局对象的放置或对齐布局对象。

⑧新生成对象自动被选择。选中该复选框，新生成的对象就自动处于选中状态。

⑨显示打印分页预览。选中该复选框，布局窗口中便显示出按布局页面类型设置的页面大小划分的打印布局所需的页面及范围。在打印布局时，这些背景是不会打印出来的。

⑩栅格打印。选中该复选框，可以优化栅格数据的打印效果，如可以正确读取图层背

景颜色、解决不同打印机打印效果不同的问题。

3）布局绘制。

右键点击菜单栏，在弹出菜单中的"布局绘制"选项前打勾，打开"布局绘制"工具栏，如图 4-107 所示。

图 4-107　"布局绘制"工具栏

①点击"绘制地图"按钮，在布局窗口的左上角点击鼠标左键，且按住鼠标左键不放，沿对角线拖动光标至合适位置后放开左键，弹出"地图属性"对话框。在地图下拉列表框中选择一个地图，并设定好比例尺和边框，还可以在位置页里选择地图的位置，选择完成后点击"确定"按钮，完成地图的绘制。

②点击"绘制文本"按钮 A，在布局窗口中点击鼠标左键，出现闪烁光标，输入专题图的标题。绘制完成后，右键单击"文本"→"属性"，打开设置字体对话框，可调整标题文本的大小、颜色、角度、行距、对齐方式等属性。

③点击工具栏中的"绘制专题图图例"按钮，在布局窗口按下鼠标左键并拖动绘制矩形区域；松开鼠标，弹出"专题图图例属性"对话框，在"专题图图例属性"选项卡中设置好相关属性等；最后点击"确定"按钮，完成操作。

④选中当前地图，点击工具栏中的"绘制比例尺"按钮（若未选中地图，该按钮将失效并呈灰色），在布局窗口按下鼠标左键并拖动绘制矩形区域，松开鼠标，弹出"比例尺属性"对话框，选择类型、单位、前景色、背景色、字体等，输入小节长度、小节个数、左分个数等，参数设置完成后点击"确定"按钮，完成比例尺的设定。

⑤点击"绘制方向标"按钮，在布局窗口按下鼠标左键并拖动绘制矩形区域，放开左键即出现一个方向标。绘制完成后，右键单击"方向标"→"属性"，打开方向标对话框，可调整方向标的形状、位置、大小、角度、颜色等属性。

4）布局输出。

布局设置调整好之后，选择"文件"→"打印…"，在弹出的对话框里设置相应的参数，选择"确定"，经过这些步骤之后，一幅精美的地图就制作出来了。

另外，也可以将保存的地图另存为影像文件（*.bmp 和*.jpg 格式等），然后通过其他图像处理软件进行处理后交付印刷出版。

利用 SuperMap GIS 桌面产品制作的地图还可以用于 GIS 工程、电子地图的制作和光盘发行，在具有电子地图功能的 Web 站点上进行发布，甚至还可以导出成为其他 GIS 的数据格式，用于其他系统。

5）成果展示。

图 4-108 为利用 SuperMap 制作出的土地利用专题图。

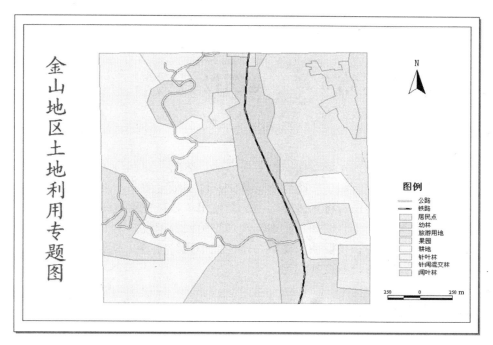

图 4-108　金山地区土地利用专题图

第 5 章 地图投影实习

地图投影就是指按照一定的数学法则，建立地球球面上的点与地图平面上的点之间的一一对应函数关系的科学方法，地图投影是数学基础中最重要的一点。一幅地图如果没有地图投影就不是完整的地图，将直接影响地图的使用。若在使用地图时不了解地图投影的特性往往会得出错误性结论。例如：在小比例尺等角或等积投影图上计算距离，在等角投影图上对比面积以及在等积投影图上观察各地区的形状特征等。本章分两部分实习：①地图投影辨识实习；②地图投影变换实习。

5.1 常用地图投影经纬网形状与特征

5.1.1 常用地图投影经纬网形状

地图上的经纬线一般有直线、曲线、同心圆、同心圆弧、同轴圆弧几种形式。通常可根据地图上经纬线形状确定几种常见的投影类型，如表 5-1 所示。

表 5-1 常用地图投影的经纬网形状

投影名称	经线线形状		中央经线上纬线间隔的变化	主要制图区域
	经线	纬线		
正轴等距方位投影	放射状直线	同心圆	相等	南北极地区图、南北半球图
横轴等积方位投影	中央经线为直线，其余经线为对称于中央经线的曲线	赤道为直线，其余纬线为对称于赤道的圆弧	从赤道向两极逐渐缩小	东西半球图、非洲图
斜轴等积方位投影	中央经线为直线，其余经线为对称于中央经线的曲线	任意曲线	由地图中心向外逐渐缩小	水陆半球图、大洲图
横轴等角方位投影	中央经线为直线，其他经线为圆弧	赤道为直线，其余纬线为对称于赤道的圆弧	从赤道向两极逐渐扩大	东西半球图
等角圆锥投影	放射状直线	同心圆	由地图中心向南北逐渐增大	中纬度地区分国图
等积圆锥投影	放射状直线	同心圆	由地图中心向南北逐渐缩小	大洲图
等距圆锥投影	放射状直线	同心圆	相等	中纬度地区分国图
桑逊投影	中央经线为直线，其他经线为对称于中央经线的曲线	纬线为平行直线	相等	非洲图、南美洲图

投影名称	经线线形状		中央经线上纬线间隔的变化	主要制图区域
	经线	纬线		
摩尔威特投影	中央经线为直线，其他经线为椭圆弧	纬线为平行直线	由赤道向两极逐渐缩小	世界图、半球图
古德投影	有几条中央经线为直线，其余经线是曲线	纬线是平行直线	纬度 40° 以下相等，以上逐渐缩小	世界图
墨卡托投影	间隔相等的平行直线	与经线垂直的平行直线	由低纬向高纬急剧增大	世界图、东南亚地区图
彭纳投影	中央经线为直线，其他经线为对称于中央经线的曲线	同心圆弧	相等	亚洲图、欧洲图
等差分纬线多圆锥投影	中央经线为直线，其余经线对称于中央经线	赤道为直线，其余纬线为对称于赤道的同轴圆弧	从赤道向两极稍有增大	世界图

5.1.2　常用地图投影经纬网形状特征与变形性质的关系

常见地图投影的变形性质主要取决于中央经线上的纬线间隔变化规律：

● 等角投影的纬线间隔均为从地图中央向南北逐渐增大，且增大有一定规律。例如：横轴等角方位投影纬线间隔在中央经线上由赤道向两极逐渐放大，扩大比率由 1 到 2；墨卡托投影由赤道向两极对称扩大，在纬度 60°～80°的间距比 0°～20°的间距增大约 3 倍。

● 等积投影的纬线间距是从地图中央向南北逐渐缩小的，且缩小也有一定规律。例如：正轴等积方位投影，纬线间距从投影中心向边缘逐渐缩小，缩小比率由 1 到 0.7；摩尔魏特投影，由赤道向两极缩小，在纬度 80°～90°间距比 0°～10°间距缩小 2.5 倍，为原来的 40%。

● 等距投影的纬线间距相等。若纬线间隔迅速增大或缩小，可能是任意投影。

5.2　地图投影辨识实习

目前国内外正式出版的地图大部分都注明投影的名称，有的还附有有关投影的资料，这对于使用地图当然是很方便的。但也有一些地图未注明投影的名称和有关说明。因此，需要运用地图投影的有关知识来判别投影。

大比例尺地图往往属于国家基本地形图系列，投影资料一般易于查知。可见，辨认地图投影主要是针对小比例尺地图而言。地图投影的辨认是一项比较复杂的工作，需要运用地图投影的有关知识来判别投影类型和性质，有时甚至比计算一个具体投影还要困难，而且也不是所有的投影都能采用辨别的方法，本教程主要针对常用地图投影进行辨识。

5.2.1　实习目的

（1）巩固地图投影的相关知识，特别是各种地图投影的变形规律。
（2）熟练掌握判别地图投影的基本方法，能正确辨认常用地图投影。
（3）为在实际编制和使用地图中正确选择地图投影奠定基础。

5.2.2 实习用具

具有各种常用地图投影的"地理参考地图册"或"专题地图册"、两脚规、直尺、三角板、铅笔、透明纸等。

5.2.3 地图投影的辨析方法与步骤

（1）地图投影的辨析方法。首先应掌握各种常用地图投影的投影变形规律及其适应的制图条件（区域大小、形状与地理位置），并熟悉各种典型投影的经纬线的形状。实际辨识地图投影时，应依据制图区域形状大小、形状与地理位置，初步判断出地图投影的类型，再根据地图上经纬线的形状判别出地图投影系统，进而根据经纬网特征确定投影性质，最后通过量测判别切割关系。

（2）地图投影辨析的基本步骤。

1）根据经纬线的形状判别地图投影类型。首先对地图经纬线网进行初步观察，应用所学过的各类投影的特点确定其投影是属于哪一类型，如方位、圆柱、圆锥还是伪圆锥、伪圆柱投影等。判别经纬线形状的方法如下：

直线只要用直尺比量便可确认；判断曲线是否为圆弧可将透明纸覆盖在曲线之上，在透明纸上沿曲线按一定间隔定出三个以上的点，然后沿曲线移动透明纸，使这些点位于曲线的不同位置，如这些点处处都与曲线吻合，则证明曲线是圆弧，否则就是其他曲线。判别同心圆弧与同轴圆弧，可以采取量测相邻圆弧间垂线距离的方法，若处处相等则为同心圆弧，否则可能是同轴圆弧。正轴投影是最容易判断的，若纬线是同心圆，经线是交于同心圆的直线束，肯定是方位投影；如果经纬线都是平行直线，则是圆柱投影；若纬线是同心圆弧，经线是放射状直线，则是圆锥投影。

2）根据经纬网特征判别投影变形的性质。为了进一步判定投影性质，量测和分析纬线间距的变化就能判定出投影变形的性质。如已经确定为圆锥投影，那么只需量出一条经线上纬线间隔从投影中心向南北方向的变化就可以判别其变形性质。如果纬线间隔相等，则为等距投影；若纬线间隔逐渐扩大，为等角投影；若纬线间隔逐渐缩短，为等积投影；如果中间缩小南北两边变大，为等角割圆锥投影；中间变大而两边逐渐变小，为等积割圆锥投影。有些投影的变化性质从经纬线网形状上分析就能看出。例如：经纬线不成直角相交，肯定不会是等角性质；在同一条纬度带内，经差相同的各个梯形面积如果差别较大，当然不可能是等积投影；在一条直经线上检查相同纬差的各段经线长度，若不相等，肯定不是等距投影。当然这只是问题的一个方面，同时还必须考虑其他因素。如等角投影经纬线一定是正交的，但经纬线正交的投影不一定都是等角的。因此需要将判别经纬网形状和必要的量算工作结合起来。熟悉常用地图投影的经纬线形状特征，掌握这些资料，将有助于辨认各种投影。

3）判别投影面与球面的关系——判别切割关系。通过观察制图区域的大小、位置和形状，分析判别地图投影时投影面与球面切割关系。如果是相切关系，应量取图幅中央纬线的纬线长度比 n，若 $n=1$，则此条纬线为标准纬线；如果是相割关系，应量取图幅南北 1/4 处的纬线长度比 n，若 $n=1$，则此两条纬线为标准纬线。有的图幅不画标准纬线，则应根据上下纬线的 n 值变化情况，确定标准纬线的位置。

4）方位投影——投影中心的确定。正轴方位投影的投影中心在经线交点处，横方位投影的投影中心在赤道与中央经线的交点处。在斜轴方位投影中，其投影中心所在的位置，应是上下两侧对应的纬线间距相等处，故可在中央经线上量取纬线间隔来确定。若所量的纬线间隔均相等，则该投影为斜轴等距方位投影。确定投影中心有时需要要用其他辅助方法。如假定地图图幅中部的中央经线与纬线交点为投影中心，从该点量取与其对应的各经纬网交点的距离，若均相等，则该点为投影中心点；若不等，则在该点附近的中央经线与纬线交点上继续试验，直到找到能使该点与各对应的经纬网距离相等的点，此即为投影中心。

5）圆锥、圆柱投影标准纬线的确定。用分规在中央经线上依次量各纬线的间隔变化。量算前，首先根据地图制图区域轮廓初步判断，采用的投影是相割还是相切。当地图区域所占的纬差较大时，大部分采用相割投影，纬差较小时，大部分采用相切投影。

相切时，取区域中间部分的纬线；相割时，往往取南北轮廓线 1/4 处的纬线。根据初步判断，再量算中间纬线或是南北各 1/4 处的图上纬线的实际长度，乘以地图比例尺分母，若计算结果等于相应纬线的实际长度，说明其为标准纬线。有的图上并没有绘出标准纬线，在这种情况下，只能根据所量算的相邻纬线的长度比，来推算标准纬线的位置。

5.2.4　地图投影辨认分析表的填写

教师从"地理参考地图册"或"专题地图册中"选择若干个常用投影地图，留给学生进行地图投影辨析。学生首先认真阅读以上"地图投影的辨析方法与步骤"，随后按相应的方法和步骤对教师所给的每张地图的投影类型、变形性质以及切割关系进行判别，从而辨识出相应的地图投影，写出投影名称。

学生可通过填写表 5-2 的内容，完成地图投影的辨识，要求个人独立完成，最后上交教师评判。

表 5-2　地图投影辨认分析表

	地图 1	地图 2	地图 3
地图名称			
图廓或整个格网的形式			
经线与纬线的形状			
在中央经线上纬线的间隔变化情况			
自中央经线分别向东向西，两相邻经线的间隔变化情况			
地图投影名称（投影类型＋变形性质）			
其他说明			

5.3 地图投影变换实习

地图投影变换是研究从一种地图投影点坐标变换为另一种地图投影点坐标的理论方法。地图投影变换方法可分为：①直接变换法；②反解变换法；③数值变换法。

在利用原始资料图编制新地图时，常常需要变换它的数学基础，最主要的是两者的投影变换。现代遥感技术为地图制图提供了具有现势性的遥感与地理信息，而不同的遥感获取手段提供的遥感与地理信息通常具有不同的数学基础，使用时也必须先解决投影变换问题。然而，实现由一种投影坐标到另一种投影坐标变换的常规作业工作量大、效率低。

近年来，随着计算机技术的飞速发展和地图投影理论的不断进步，特别是地图制图与GIS 软件功能的日趋完善，这一局面得到了彻底改观。地图投影变换功能都封装在这些软件的工具箱中，用户只需对具体的工具进行简单操作，瞬间即可完成地图投影间的变换，实现地图投影变换的高度自动化与快速化。目前，国外优秀制图和 GIS 软件，如 Arc/Info，Map Info 等都提供了比较完备的地图投影变换功能；国内的一些制图和 GIS 软件，如 GeoStar，MapGIS，SuperStar 等，也提供了一定的地图投影变换功能。

不仅如此，随着地图制图与 GIS 软件中强大地图投影工具的广泛应用，地图投影变换的过程已悄然发生了一些变化。例如：传统的地图投影变换是指从一种地图投影点的坐标变换为另一种地图投影点的坐标。按此做法，从一种投影到另一种投影的变换将产生两次由数学模型转换和计算带来的精度损失。而利用地图制图与 GIS 软件提供的强大地图投影功能，用户可以不再通过传统意义上的地图投影间的变换来实现，而可通过从原始地理坐标数据分别进行两种地图投影，从而避免了从一种地图投影到一种地图投影过程中由数学模型转换与数值计算带来的精度损失。以下主要介绍用 GIS 软件实现几种最常用地图投影变换的操作，包括将地理坐标系转换为等积圆锥投影坐标系和等角圆锥投影坐标系，等积圆锥投影与等角圆锥投影的变换，以及由高斯-克吕格投影到通用横轴墨卡托投影（Universal Transverse Mercator，UTM）的变换。

5.3.1 实习目的

（1）强化地图投影变换的相关概念与知识。
（2）熟悉 ArcGIS 中投影变换操作及相关投影的应用。

5.3.2 实习准备

（1）软件与资料准备：ArcGIS 10 或 ArcGIS 9.x；ArcGIS 示例数据集 USA。
（2）ArcGIS 中坐标系统变换操作基础与知识准备：

ArcGIS 中定义了两套坐标系统，分别是地理坐标系（Geographic Coordinate System，GCS）和投影坐标系（Projected Coordinate System，PCS）。

地理坐标系使用经度 L、纬度 B 与大地高 H 来描述地面点在三维球面上的位置。地理坐标系（GCS）往往被误称为基准面，但实际上基准面仅仅是地理坐标系内涵的一部分。一个完整的 GCS 应该由角度单位、本初子午线和基于某个参考椭球的基准面三部分组成，如图 5-1 所示。

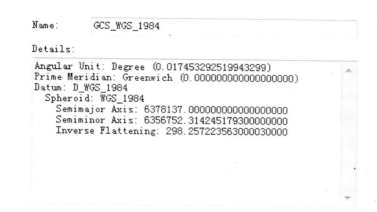

图 5-1　ArcGIS 中的 GCS_WGS_1984 地理坐标系统

地理坐标系是一个球面坐标系，其基本单位是 Degree（度），尽管使用经度和纬度能在地球表面上精确定位，却很难对距离或面积进行量测。为了满足量测需求，必须进行地图投影，将其转换至投影坐标系。

投影坐标系是在地理坐标系的基础上，用某种投影算法得到的平面坐标系，点的位置一般是由 (x, y) 坐标来确定的，其基本单位是 m 或 km。由于地图投影坐标系是将球面展绘在平面上，不可避免会产生变形。这些变形包括三种：长度变形、角度变形和面积变形。通常，地图投影过程都是在保证某种属性不变的条件下牺牲其他属性。

ArcGIS 中的投影坐标系是由地理坐标系（如北京 54、西安 80、WGS84 等）和投影方法（如高斯-克吕格投影、UTM 投影、墨卡托投影、Lambert 投影）确定的。

（3）原始数据显示：用 ArcGIS 10 打开示例数据集 USA，加载数据集中的 Capital Cities，USA Boundary，Rivers，Interstate Highways，Lakes，State Boundaries，States，Neighboring Countries 等 Shapefile 文件，并按图 5-2 所示在版面视图中对各要素进行显示。它是一幅主要反映美国基础地理要素的地理图。将其切换到数据视图中可见其原始数据采用了 GCS_North_American_1983 地理坐标系统，如图 5-3 所示。

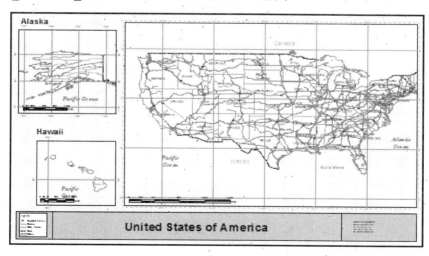

图 5-2　美国地图（GCS_North_American_1983）

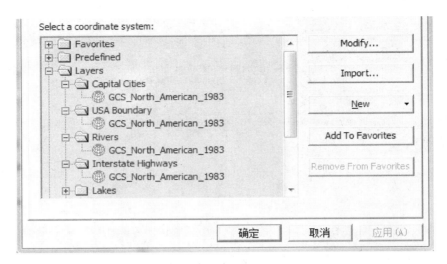

图 5-3 查看原始矢量数据坐标系

5.3.3 实习内容与操作

● 实习 1：将地理坐标系转换为等积圆锥投影坐标系。

本实习旨在将实验数据从原始地理坐标系转换到相应的 Albers 投影（等积圆锥投影）坐标系中，具体步骤如下：

（1）在"ArcToolbox"工具箱中，打开"Batch Project"工具，如图 5-4 所示，其路径为"Data Management Tools"→"Projection and Transformations"→"Feature"→"Batch Project"。

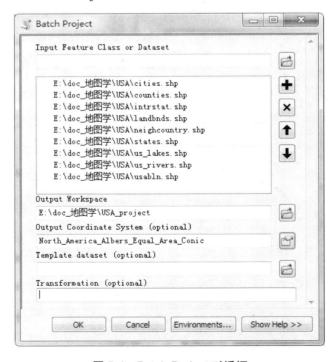

图 5-4 Batch Project 对话框

（2）在"Input Feature Class or Dataset"文本框中添加待转换数据。

（3）在"Output Workspace"文本框中选择输出文件夹。

（4）点击"Output Coordinate System"文本框旁边的按钮，打开"Spatial Reference Properties"对话框，点击"Select"按钮，选择输出投影"North America Albers Equal Area Conic"，具体路径为"Projected Coordinate System"→"Continental"→"North America"→"North America Albers Equal Area Conic.prj"。

（5）查看该坐标系的属性（图 5-5），可知该投影坐标系（投影方法）为 Albers；中央经线为 W96°；两条标准纬线：N20°，N60°；原点纬度：N40°；长度单位：m；所对应的地理坐标系是 GCS_North_American_1983，与原始数据的坐标系是一致的。

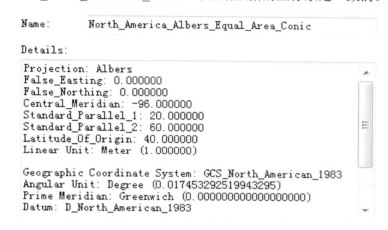

图 5-5　North America Albers Equal Area Conic 投影坐标系属性参数

（6）使用"Transformation"文本框中默认的坐标转换参数，即可进行地图投影。

（7）点击"OK"按钮，完成坐标系统转换操作。

（8）按照第 4 章所述方法整饰并输出地图，结果如图 5-6 所示。

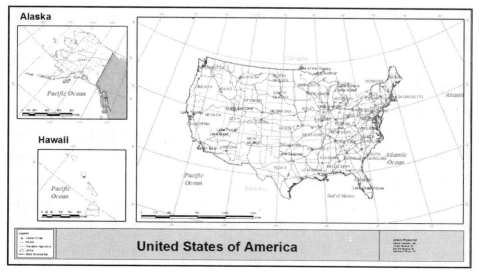

图 5-6　美国地图（正轴等积圆锥投影）

● 实习 2：将地理坐标系转换为等角圆锥投影坐标系。

Lambert 投影是一种常用的等角圆锥投影，我国的 1∶1 000 000 基本比例尺地形图、大部分省区图采用的也是 Lambert 投影。本实习旨在将实验数据从原始地理坐标系转换到相应的 Lambert 投影坐标系中，具体步骤如下：

（1）在"ArcToolbox"工具箱中，打开"Batch Project"工具，如图 5-7 所示。其路径为"Data Management Tools"→"Projection and Transformations"→"Feature"→"Batch Project"。

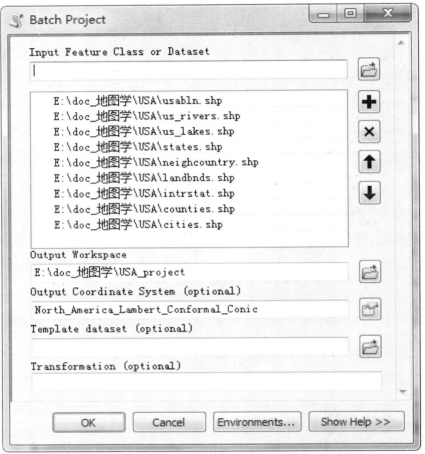

图 5-7　Batch Project 对话框

（2）在"Input Feature Class or Dataset"文本框中添加待转换数据。

（3）在"Output Workspace"文本框中选择输出文件夹。

（4）点击"Output Coordinate System"文本框旁边的按钮，打开"Spatial Reference Properties"对话框，点击"Select"按钮，选择输出投影"North America Albers Equal Area Conic"，具体路径为"Projected Coordinate System"→"Continental"→"North America"→"North America Lambert Conformal Conic.prj"。

（5）查看该坐标系的属性，如图 5-8 所示，可知该投影坐标系的投影方法为 Lambert，中央经线为 W96°；两条标准纬线：N20°，N60°；原点纬度：N40°；长度单位：m；所对应的地理坐标系是 GCS_North_American_1983，与原始数据的坐标系是一致的。

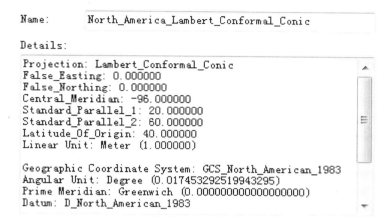

图 5-8　North America Lambert Conformal Conic 投影坐标系属性参数

（6）使用"Transformation"文本框中默认的坐标转换参数，即可进行地图投影。

（7）点击"OK"按钮，完成坐标系统转换操作。

（8）整饰并输出地图，结果如图 5-9 所示。

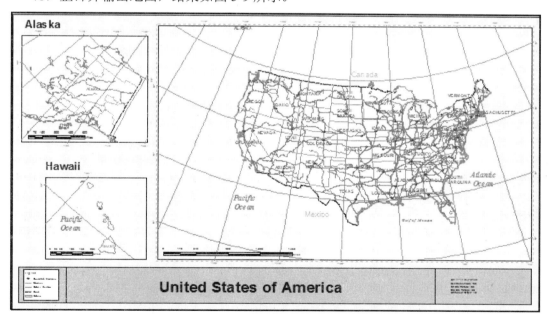

图 5-9　美国地图（正轴等角圆锥投影）

● 实习 3：将等积圆锥投影变换为等角圆锥投影。

实习 1 和实习 2 是地理坐标系到投影坐标系的转换，也即地图投影过程。而在传统的坐标系统变换应用中，原始地图资料往往采用的是投影坐标系，需要将其转换到另一种投影坐标系，即投影变换过程。如果原始地图资料是纸质的，则需要先进行数字化，再在计算机中完成投影变换。

将实习 1 生成数据从 Albers 投影变换为 Lambert 投影，具体步骤如下：

（1）在"ArcToolbox"工具箱中，打开"Batch Project"工具，其路径为"Data Management Tools"→"Projection and Transformations"→"Feature"→"Batch Project"。

（2）在"Input Feature Class or Dataset"文本框中添加待转换数据。

（3）在"Output Workspace"文本框中选择输出文件夹。

（4）点击"Output Coordinate System"文本框旁边的按钮，打开"Spatial Reference Properties"对话框，点击"Select"按钮，选择输出投影"North America Albers Equal Area Conic"，具体路径为"Projected Coordinate System"→"Continental"→"North America"→"North America Lambert Conformal Conic.prj"。

（5）输入投影与输出投影的大地基准面是一致的，使用"Transformation"文本框中默认的坐标转换参数，即可进行地图投影。

（6）点击"OK"按钮，完成坐标系统转换操作。

（7）整饰并输出地图，结果如图 5-10 所示。

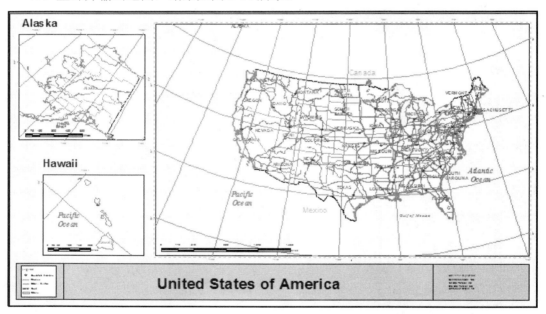

图 5-10　美国地图（正轴等积圆锥投影）

● 实习 4：将高斯投影转换为 UTM 投影。

本实习将第 4 章计算机制图实习中绘制的金山地区土地利用图由高斯-克吕格投影转换为 UTM 投影。原始图件如图 5-11 所示。

原始图件的大地基准面是 Beijing 1954 的克拉索夫斯基椭球面，而输出图件的大地基准面是 WGS-84 椭球面，因此，此次投影变换需要解决大地基准面的转换问题。目前，一种比较严密的转换方法是布尔莎七参数模型，它包含 3 个平移因子（X 平移，Y 平移，Z 平移），3 个旋转因子（X 旋转，Y 旋转，Z 旋转），一个比例因子（也叫尺度变化 K）；若地图范围较小，也可使用三参数模型（X 平移，Y 平移，Z 平移）。

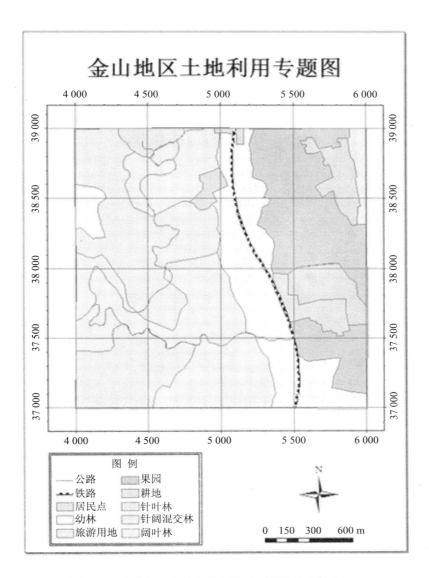

图 5-11　金山地区土地利用专题图（高斯-克吕格投影）

　　在 ArcGIS 中提供了 6 套 Beijing 1954 与 WGS-84 大地基准面之间的转换参数。然而，由于各地的重力值有很大差异，各地转换参数不尽相同，因此不存在一套可以全国通用的转换参数。直接使用 ArcGIS 中的坐标转换参数会导致较大的偏差，需要先自定义转换参数，再用这套参数进行投影变换。具体步骤如下：

　　（1）在 "ArcToolbox" 工具箱中，打开 "Create Custom Geographic Transformation" 工具（图 5-12），其路径为 "Data Management Tools" → "Projection and Transformations" → "Create Custom Geographic Transformation"。

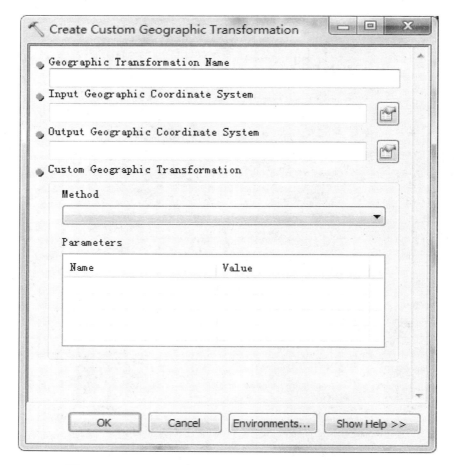

图 5-12 Create Custom Geographic Transformation 对话框

（2）在"Geographic Transformation Name"文本框中定义坐标转换参数文件名。

（3）点击"Input Coordinate System"文本框旁边的按钮，打开"Spatial Reference Properties"对话框，点击"Select"按钮，选择输入投影为"Beijing_1954_3_Degree_GK_CM_117E"。具体路径为"Projected Coordinate System"→"Gauss Kruger"→"Beijing 1954"→"Beijing 1954 3 Degree GK CM 117E.prj"。

（4）点击"Output Coordinate System"文本框旁边的按钮，打开"Spatial Reference Properties"对话框，点击"Select"按钮，选择输出投影为"WGS_1984_UTM_Zone_50N"。具体路径为"Projected Coordinate System"→"UTM"→"WGS 1984"→"Northern Hemisphere"→"WGS 1984 UTM Zone 50N.prj"。

（5）点击"Method"下拉框，选择坐标转换方法为"Coordinate_Frame"，即布尔莎七参数模型，也可选择"MoloDensky"法（三参数模型法）。

（6）在"Parameters"文本框中输入各参数的值，其中平移参数的单位为"m"，旋转参数的单位为"（″）"，尺度参数单位为 ppm（10^{-6}）。各参数的具体值可以由当地测绘部门获取，或者由至少三个控制点计算得出。

（7）点击"OK"，完成坐标转换参数文件的创建。

　　上述步骤创建了一套自定义坐标转换参数，接下来可以使用这一套参数进行投影转换，具体步骤如下：

　　（1）在"ArcToolbox"工具箱中，打开"Project"工具，如图 5-13 所示，其路径为"Data Management Tools"→"Projection and Transformations"→"Feature"→"Project"。

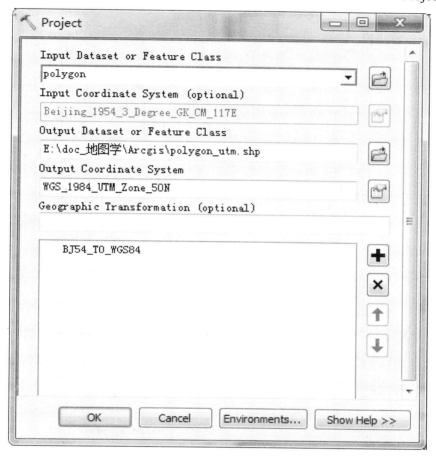

图 5-13　Project 工具

　　（2）在"Input Dataset or Feature Class"文本框中添加待转换数据。

　　（3）在"Output Dataset or Feature Class"文本框中选择输出文件夹和文件名。

　　（4）点击"Output Coordinate System"文本框旁边的 按钮，打开"Spatial Reference Properties"对话框，点击"Select"按钮，选择输出投影为"WGS_1984_UTM_Zone_50N"。

　　（5）在"Geographic Transformation"对应的下拉菜单中列出了系统预定义的 6 套坐标转换参数和刚才建立的自定义参数，选择自定义参数即可。

　　（6）点击"OK"，自此完成投影变换。

　　（7）整饰和输出地图，结果如图 5-14 所示。

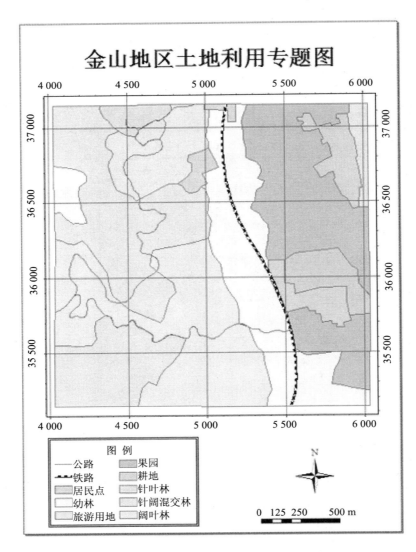

图 5-14　金山地区土地利用专题图（UTM 投影）

附表　地类分类的名称及其含义

一级类		二级类		含义
编码	名称	编码	名称	
01	耕地			指种植农作物的土地，包括熟地，新开发、复垦、整理地，休闲地（含轮歇地、轮作地）；以种植农作物（含蔬菜）为主，间有零星果树、桑树或其他树木的土地；平均每年能保证收获一季的已垦滩地和海涂。耕地中包括南方宽度小于 1.0 m、北方宽度小于 2.0 m 固定的沟、渠、路和地坎（埂）；临时种植药材、草皮、花卉、苗木等的耕地，以及其他临时改变用途的耕地
		11	水田	指用于种植水稻、莲藕等水生农作物的耕地。包括实行水生、旱生农作物轮种的耕地
		12	水浇地	指有水源保证和灌溉设施，在一般年景能正常灌溉，种植旱生农作物的耕地。包括种植蔬菜等的非工厂化的大棚用地
		13	旱地	指无灌溉设施，主要靠天然降水种植旱生农作物的耕地，包括没有灌溉设施，仅靠引洪淤灌的耕地
02	园地			指种植以采集果、叶、根、茎、汁等为主的集约经营的多年生木本和草本作物，覆盖度大于 50%或每亩株数大于合理株数 70%的土地。包括用于育苗的土地
		21	果园	指种植果树的园地
		22	茶园	指种植茶树的园地
		23	其他园地	指种植桑树、橡胶、可可、咖啡、油棕、胡椒、药材等其他多年生作物的园地
03	林地			指生长乔木、竹类、灌木的土地，及沿海生长红树林的土地。包括迹地，不包括居民点内部的绿化林木用地，铁路、公路征地范围内的林木，以及河流、沟渠的护堤林
		31	有林地	指树木郁闭度不小于 0.2 的乔木林地，包括红树林地和竹林地
		32	灌木林	指灌木覆盖度不小于40%的林地
		33	其他林地	包括疏林地（指树木郁闭度不小于 0.1、小于 0.2 的林地）、未成林地、迹地、苗圃等林地
04	草地			指生长草本植物为主的土地
		41	天然牧草地	指以天然草本植物为主，用于放牧或割草的草地
		42	人工牧草地	指人工种植牧草的草地
		43	其他草地	指树木郁闭度小于 0.1，表层为土质，生长草本植物为主，不用于畜牧业的草地

一级类		二级类		含义
编码	名称	编码	名称	
05	商服用地			指主要用于商业、服务业的土地
		51	批发零售用地	指主要用于商品批发、零售的用地。包括商场、商店、超市、各类批发（零售）市场，加油站等及其附属的小型仓库、车间、工场等的用地
		52	住宿餐饮用地	指主要用于提供住宿、餐饮服务的用地。包括宾馆、酒店、饭店、旅馆、招待所、度假村、餐厅、酒吧等
		53	商务金融用地	指企业、服务业等办公用地，以及经营性的办公场所用地。包括写字楼、商业性办公场所、金融活动场所和企业厂区外独立的办公场所等用地
		54	其他商服用地	指上述用地以外的其他商业、服务业用地。包括洗车场、洗染店、废旧物资回收站、维修网点、照相馆、理发美容店、洗浴场所等用地
06	工矿仓储用地			指主要用于工业生产、物资存放场所的土地
		61	工业用地	指工业生产及直接为工业生产服务的附属设施用地
		62	采矿用地	指采矿、采石、采砂（沙）场，盐田，砖瓦窑等地面生产用地及尾矿堆放地
		63	仓储用地	指用于物资储备、中转的场所用地
07	住宅用地			指主要用于人们生活居住的房基地及其附属设施的土地
		71	城镇住宅用地	指城镇用于生活居住的各类房屋用地及其附属设施用地。包括普通住宅、公寓、别墅等用地
		72	农村宅基地	指农村用于生活居住的宅基地
08	公共管理与公共服务用地			指用于机关团体、新闻出版、科教文卫、风景名胜、公共设施等的土地
		81	机关团体用地	指用于党政机关、社会团体、群众自治组织等的用地
		82	新闻出版用地	指用于广播电台、电视台、电影厂、报社、杂志社、通讯社、出版社等的用地
		83	科教用地	指用于各类教育，独立的科研、勘测、设计、技术推广、科普等的用地
		84	医卫慈善用地	指用于医疗保健、卫生防疫、急救康复、医检药检、福利救助等的用地
		85	文体娱乐用地	指用于各类文化、体育、娱乐及公共广场等的用地
		86	公共设施用地	指用于城乡基础设施的用地。包括给排水、供电、供热、供气、邮政、电信、消防、环卫、公用设施维修等用地
		87	公园与绿地	指城镇、村庄内部的公园、动物园、植物园、街心花园和用于休憩及美化环境的绿化用地
		88	风景名胜设施用地	指风景名胜（包括名胜古迹、旅游景点、革命遗址等）景点及管理机构的建筑用地。景区内的其他用地按现状归入相应地类
09	特殊用地			指用于军事设施、涉外、宗教、监教、殡葬等的土地
		91	军事设施用地	指直接用于军事目的的设施用地
		92	使领馆用地	指用于外国政府及国际组织驻华使领馆、办事处等的用地
		93	监教场所用地	指用于监狱、看守所、劳改场、劳教所、戒毒所等的建筑用地
		94	宗教用地	指专门用于宗教活动的庙宇、寺院、道观、教堂等宗教自用地
		95	殡葬用地	指陵园、墓地、殡葬场所用地

一级类		二级类		含义
编码	名称	编码	名称	
10	交通运输用地			指用于运输通行的地面线路、场站等的土地。包括民用机场、港口、码头、地面运输管道和各种道路用地
		101	铁路用地	指用于铁道线路、轻轨、场站的用地。包括设计内的路堤、路堑、道沟、桥梁、林木等用地
		102	公路用地	指用于国道、省道、县道和乡道的用地。包括设计内的路堤、路堑、道沟、桥梁、汽车停靠站、林木及直接为其服务的附属用地
		103	街巷用地	指用于城镇、村庄内部公用道路（含立交桥）及行道树的用地。包括公共停车场、汽车客货运输站点及停车场等用地
		104	农村道路	指公路用地以外的南方宽度不小于 1.0 m、北方宽度不小于 2.0 m 的村间、田间道路（含机耕道）
		105	机场用地	指用于民用机场的用地
		106	港口码头用地	指用于人工修建的客运、货运、捕捞及工作船舶停靠的场所及其附属建筑物的用地，不包括常水位以下部分
		107	管道运输用地	指用于运输煤炭、石油、天然气等管道及其相应附属设施的地上部分用地
11	水域及水利设施用地			指陆地水域，海涂，沟渠、水工建筑物等用地。不包括滞洪区和已垦滩涂中的耕地、园地、林地、居民点、道路等用地
		111	河流水面	指天然形成或人工开挖河流常水位岸线之间的水面，不包括被堤坝拦截后形成的水库水面
		112	湖泊水面	指天然形成的积水区常水位岸线所围成的水面
		113	水库水面	指人工拦截汇集而成的总库容不小于10万 m³ 的水库正常蓄水位岸线所围成的水面
		114	坑塘水面	指人工开挖或天然形成的蓄水量小于10万 m³ 的坑塘常水位岸线所围成的水面
		115	沿海滩涂	指沿海大潮高潮位与低潮位之间的潮浸地带。包括海岛的沿海滩涂，不包括已利用的滩涂
		116	内陆滩涂	指河流、湖泊常水位至洪水位间的滩地；时令湖、河洪水位以下的滩地；水库、坑塘的正常蓄水位与洪水位间的滩地。包括海岛的内陆滩地，不包括已利用的滩地
		117	沟渠	指人工修建，南方宽度不小于 1.0 m、北方宽度不小于 2.0 m 用于引、排、灌的渠道，包括渠槽、渠堤、取土坑、护堤林
		118	水工建筑用地	指人工修建的闸、坝、堤路林、水电厂房、扬水站等常水位岸线以上的建筑物用地
		119	冰川及永久积雪	指表层被冰雪常年覆盖的土地
12	其他用地			指上述地类以外的其他类型的土地
		121	空闲地	指城镇、村庄、工矿内部尚未利用的土地
		122	设施农用地	指直接用于经营性养殖的畜禽舍、工厂化作物栽培或水产养殖的生产设施用地及其相应附属用地，农村宅基地以外的晾晒场等农业设施用地
		123	田坎	主要指耕地中南方宽度不小于1.0 m、北方宽度不小于2.0 m 的地坎
		124	盐碱地	指表层盐碱聚集，生长天然耐盐植物的土地
		125	沼泽地	指经常积水或渍水，一般生长沼生、湿生植物的土地
		126	沙地	指表层为沙覆盖、基本无植被的土地。不包括滩涂中的沙地
		127	裸地	指表层为土质，基本无植被覆盖的土地；或表层为岩石、石砾，其覆盖面积不小于70%的土地

参考文献

[1]　廖克. 地图概论[M]. 北京：科学出版社，1985.

[2]　张力果，赵淑梅，周占鳌. 地图学[M]. 北京：高等教育出版社，1990.

[3]　陈述彭. 地学的探索（第二卷）[M]. 北京：科学出版社，1990.

[4]　袁勘省. 现代地图学教程[M]. 北京：科学出版社，2007.

[5]　王家耀，武芳. 数字地图制图综合原理与方法[M]. 北京：解放军出版社，1998.

[6]　廖克. 地图学的研究与实践[M]. 北京：中国地图出版社，2003.

[7]　祝国瑞. 地图学[M]. 武汉：武汉大学出版社，2004.

[8]　廖克. 现代地图学[M]. 北京：科学出版社，2003.

[9]　肖荣寰，吕金福. 地理野外实习指导[M]. 长春：东北师范大学出版社，1988.

[10]　蔡孟裔，毛赞猷，周占鳌. 新编地图学实习教程[M]. 北京：高等教育出版社，2000.

[11]　袁勘省. 现代地图学教程[M]. 第二版. 北京：科学出版社，2014.

[12]　汤国安，杨昕. ArcGIS 地理信息系统空间分析实验教程[M]. 北京：科学出版社，2006.

[13]　宋小东，钮心毅. 地理信息系统实习教程[M]. 北京：科学出版社，2004.

[14]　毛赞猷，朱良，周占鳌，等. 新编地图学实习教程[M]. 第二版. 北京：高等教育出版社，2008.

[15]　吴忠性. 地图投影[M]. 北京：测绘出版社，1980.

[16]　胡毓矩. 地图投影[M]. 北京：测绘出版社，1981.

[17]　陈逢珍. 实用地图学[M]. 福州：福建省地图出版社，1998.

[18]　陈述彭. 地理信息系统的探索与试验[J]. 地理科学，1983（3）.

[19]　吴忠性. 地图学内涵的变化和发展[J]. 地理学报，1995（1）.

[20]　廖克. 地图学与地理信息系统（GIS）的新进展[J]. 地球信息科学，2005（2）.

[21]　赵斌彬，陈晓慧，徐立. 浅谈遥感影像对地图学的影响[J]. 测绘与空间地理信息，2010（1）.

[22]　颉耀文，史建尧，张晓东. 论地图学实习环节的加强与改革[J]. 测绘通报，2007（6）.

[23]　李庭古，罗刚，徐国成. 生物野外实习的组织和管理工作[J]. 文教资料，2006（9）.

[24]　于冬梅，董罗海，张力果. 数字地图制图理论方法与应用 [J]. 地球信息科学，2003（6）.

[25]　杨帆，杜渐. 数字制图理论及应用发展研究[J]. 科技资讯，2008，51.

[26]　刘南，郑家文，王利军. 计算机制图综合的研究进展[J]. 地球信息，1997（3）.

[27]　牛方曲,甘国辉,程昌秀,等. 矢量数据综合规则表达与实现方法——以土地利用数据综合为例[J]. 地球信息科学学报，2009（4）.

[28]　张超，王远飞，李治洪，等. 地理信息系统实习教程[M]. 北京：高等教育出版社，2000.

[29]　秦其明，曹五丰，陈杉. ArcView 地理信息系统实用教程[M]. 北京：北京大学出版社，2002.

[30]　张青峰，吴发启，王力，等. 基于 MapInfo 专题地图数字化与制作[J]. 测绘与空间地理信息，2005（1）.

[31]　张成才，孙喜梅，黄建红，等. 基于 MapInfo 电子地图制作方法研究[J]. 水土保持研究，2002（4）：

144-146.

[32] 徐京华. 专题地图制作技术与方法探讨[J]. 测绘通报，2003（3）：46-48.

[33] 姚兴海，姚磊. CorelDRAW 地图制图[M]. 北京：中国地图出版社，2003.

[34] 高晖. CorelDRAW 在地图制图中的应用[J]. 测绘标准化，2008（3）.

[35] 汪艳红，何世杰，陈永. 应用 SuperMap 制作数字地图的方法[J]. 地理空间信息，2010（5）：120-122.

[36] 王安平，王辉. 基于 SuperMap 的专题电子地图制作探讨——以石家庄市地税电子地图为例[J]. 测绘与空间地理信息，2010（3）：126-128.

[37] 杨启和. 地图投影变换理论和应用的研究[J]. 解放军测绘学院学报，1986（1）：65-73.

[38] 黄茂军，杜清运. GIS 中开放式地图投影变换组件的设计[J]. 测绘科学，2003：62-65.

[39] 李英奎 等. 多投影间地图投影变换实现的途径与优化[J]. 地理学与国土研究，2000，6（2）：79-84.

[40] 张宏敏. 地图投影变换中的几种方法[J]. 高校理科研究，2006（2）：60-61.

[41] ESRI Inc. 2013. ArcGIS 10 Help.

[42] SuperMap Inc. 2013. SuperMap 6R Help.

教师反馈卡

尊敬的老师：您好！

　　谢谢您购买本书。为了进一步加强我们与老师之间的联系与沟通，请您协助填妥下表，以便定期向您寄送最新的出版信息，您还有机会获得我们免费寄送的样书及相关的教辅材料；同时我们还会为您的教学工作以及论著或译著的出版提供尽可能的帮助。欢迎您对我们的产品和服务提出宝贵意见，非常感谢您的大力支持与帮助。

姓名：＿＿＿＿＿＿　年龄：＿＿＿＿＿＿　职务：＿＿＿＿＿＿　职称：＿＿＿＿＿＿

系别：＿＿＿＿＿＿　学院：＿＿＿＿＿＿　学校：＿＿＿＿＿＿

通信地址：＿＿＿＿＿＿＿＿＿＿＿＿＿＿＿＿＿＿＿＿　邮编：＿＿＿＿＿＿

电话（办）：＿＿＿＿＿＿　（家）＿＿＿＿＿＿　E-mail ＿＿＿＿＿＿＿＿

学历：＿＿＿＿＿　毕业学校：＿＿＿＿＿＿＿＿＿＿＿＿＿＿

国外进修或讲学经历：＿＿＿＿＿＿＿＿＿＿＿＿＿＿＿＿

教授课程	学生水平	学生人数/年	开课时间
1.			
2.			
3.			

您的研究领域：＿＿＿＿＿＿＿＿＿＿＿＿＿＿＿＿＿＿＿＿

您现在授课使用的教材名称：＿＿＿＿＿＿＿＿＿＿＿＿＿＿

您使用的教材的出版社：＿＿＿＿＿＿＿＿＿＿＿＿＿＿＿＿

您是否已经采用本书作为教材：□是；□没有。

采用人数：＿＿＿＿＿＿＿＿＿

您使用的教材的购买渠道：□教材科；□出版社；□书店；□其他。

您需要以下教辅：□教师手册；□学生手册；□PPT；□习题集；□其他＿＿＿＿＿＿

（我们将为选择本教材的老师提供现有教辅产品）

您对本书的意见：＿＿＿＿＿＿＿＿＿＿＿＿＿＿＿＿＿＿

您是否有翻译意向：□有；□没有。

您的翻译方向：＿＿＿＿＿＿＿＿＿＿＿＿＿＿＿＿＿＿＿

您是否计划或正在编著专著：□是；□没有。

您编著的专著的方向：＿＿＿＿＿＿＿＿＿＿＿＿＿＿＿＿

您还希望获得的服务：＿＿＿＿＿＿＿＿＿＿＿＿＿＿＿＿

填妥后请选择以下任何一种方式将此表返回（如方便请赐名片）：

地址：北京市东城区广渠门内大街 16 号　中国环境出版社教材图书出版中心

邮编：100062

电话（传真）：（010）67113412

E-mail：shenjian1960@126.com

网址：http://www.cesp.com.cn